单晶金刚石的化学机械
抛光方法及机理研究

史卓颖　著

西北工业大学出版社

西　安

【内容简介】 本书结合国内外金刚石抛光技术的研究现状,并基于作者的研究工作提出了金刚石常温化学机械抛光(CMP)的新工艺方法,探索了抛光过程中原子尺度的材料去除机理。

全书共 6 章,内容包括绪论、·OH 环境下金刚石常温 CMP 的可行性的 MD 分析、金刚石常温 CMP 抛光液的研究、金刚石常温 CMP 的工艺研究、基于 Fenton 抛光液的金刚石 CMP 中的机械作用和氧化作用、Fenton 抛光液在金刚石不同晶面 CMP 中的抛光性能等。

本书可作为从事抛光领域的科研工作者和工程技术人员的参考资料,也可作为高等学校机械或材料相关专业本科生以及硬脆材料加工方向研究生的辅助教材。

图书在版编目(CIP)数据

单晶金刚石的化学机械抛光方法及机理研究 / 史卓颖著. --西安 : 西北工业大学出版社,2025. 4.

ISBN 978 - 7 - 5612 - 9780 - 3

Ⅰ. TQ164.8

中国国家版本馆 CIP 数据核字第 2025TW8260 号

DANJING JINGANGSHI DE HUAXUE JIXIE PAOGUANG FANGFA JI JILI YANJIU

单 晶 金 刚 石 的 化 学 机 械 抛 光 方 法 及 机 理 研 究

史卓颖 著

责任编辑:付高明		策划编辑:杨 睿	
责任校对:朱晓娟		装帧设计:李 飞	

出版发行:西北工业大学出版社

通信地址:西安市友谊西路 127 号　　邮编:710072

电　　话:(029)88493844, 88491757

网　　址:www.nwpup.com

印　刷　者:西安五星印刷有限公司

开　　本:787 mm×1 092 mm　　　1/16

印　　张:7.125

字　　数:169 千字

版　　次:2025 年 4 月第 1 版　　　2025 年 4 月第 1 次印刷

书　　号:ISBN 978 - 7 - 5612 - 9780 - 3

定　　价:68.00 元

前言

Preface

金刚石具有极高的硬度、优异的导热性、稳定的化学性质、高的电子迁移率和极宽的带隙等出色的物理化学性质,是一种杰出的工业材料,在超精密加工、光学、声学、半导体等领域都有广泛的应用。为了保证其使用性能和寿命,各类金刚石器件对金刚石表面质量的要求极为苛刻。金刚石是典型的难加工材料,现有的超精密加工技术难以满足上述应用领域对金刚石高表面质量加工的需求,这已成为限制金刚石得到大量实际应用的技术瓶颈之一。

化学机械抛光(Chemical Mechanical Polising,CMP)技术结合了机械作用和化学作用,抛光过程中对材料的损伤小,同时比一些非接触式的或者需要真空环境的抛光方法成本更低,在金刚石抛光方面很有潜力。但由于金刚石的化学稳定性极高,常见氧化剂在常温下很难与金刚石发生化学反应,材料去除效率极低,所以出现了诸多需要加热条件的金刚石 CMP 工艺。此类工艺尽管材料去除率有所提高,但存在抛光液挥发、热变形等问题,难以保证加工质量和加工精度。此外,关于金刚石 CMP 中微观去除机理的研究还比较少,对金刚石 CMP 技术提供的理论指导有限。因此,探索常温下的金刚石 CMP 技术并深入研究金刚石 CMP 的材料去除机理是十分必要的。

本书采用模拟计算和实验研究相结合的方法,研究了金刚石常温 CMP 工艺方法,并探索了抛光过程中原子尺度的材料去除机理。主要研究内容如下:

(1)以工程实际中应用最为广泛的(100)晶面金刚石为研究对象,采用基于 ReaxFF 力场的分子动力学(Molecular Dynamics,MD)模拟的方法分析了在强氧化成分·OH 的环境下进行金刚石常温 CMP 的可行性。模拟结果表明:金刚石与·OH 相互作用后,金刚石表面没有形成传统 CMP 中产生的软质反应层,只能在金刚石基体表面生成 C═O、C—H 和 C—OH 结构,表面的一些碳元子被氧化;随着磨粒的滑动,碳原子以生成 CO、CO_2 或黏附于磨粒的形式被去除,且被去除的碳原子主要来自基体的第一层,理论上可以实现金刚石的原子级加工;·OH 的浓度越大,对金刚石的氧化能力越强,越有利于金刚石的材料去除,因此可以产生大量的·OH 的芬顿(Fenton)试剂(其有潜力成为适用于金刚石常温 CMP 的氧化剂)。

(2)使用可以产生·OH 的 Fenton 试剂和双氧水作为氧化剂来配制抛光液,对(100)晶面金刚石试件进行了常温 CMP 实验,并与高铁酸钾和高锰酸钾两种金刚石抛光中常用的氧化剂做了对比。结果表明,使用 Fenton 试剂作氧化剂时,抛光后的金刚石试件表面最光滑。此外,比较了金刚石、立方氮化硼、碳化硼和氧化铝四种磨料的抛光效果,优选出金刚石微粉作为磨料。最终研制了适合于金刚石常温 CMP 的新型 Fenton 抛光液。

(3)通过金刚石常温 CMP 工艺实验,研究了抛光压力、抛光盘转速等因素对(100)晶面金刚石 CMP 效果的影响规律,优选了工艺参数。在此工艺参数条件下,采用自行研制的 Fenton 抛光液抛光金刚石试件,可以使金刚石试件的表面粗糙度在 2 h 内就从 $Ra=3.5$ nm 左右降到了 $Ra=0.7$ nm 左右,可见这是一种快速、高效地改善金刚石表面质量的常温抛光方法。为了进一步提高金刚石表面质量,采用硅溶胶抛光液对金刚石继续进行了精抛光,建立了粗精结合的金刚石常温 CMP 组合工艺方法。采用该组合工艺方法抛光金刚石,在 4 h 内获得了局部 $Ra=0.166$ nm 的超光滑表面,与现有的采用高铁酸钾抛光液的局部加热式 CMP 工艺方法相比,在获得相近表面粗糙度的情况下,可节省约 50% 的抛光时间。

(4)通过抛光实验和基于 ReaxFF 力场的分子动力学模拟方法,研究了机械划擦和 Fenton 试剂对于(100)晶面金刚石常温 CMP 过程的影响。结果表明:机械划擦在金刚石常温 CMP 中有两个主要作用,一方面通过剪切直接使被弱化的 C—C 键断裂,实现对金刚石表面材料的去除,另一方面可以改变金刚石表面的化学状态,促使表面产生 C—O—C 结构,为碳原子被氧化生成 CO_2 提供条件;机械作用的增强可以促进金刚石表层碳原子的去除;Fenton 试剂可以氧化金刚石表面的碳原子,同时使与该碳原子相连的 C—C 键键级变小,从而使碳原子更容易被去除;加入 Fenton 试剂后,金刚石常温 CMP 的材料去除率从 3.34 nm/min 提升到了 7.12 nm/min。

(5)对(100)晶面、(110)晶面和(111)晶面的金刚石试样进行常温 CMP 对比实验,探索了本书提出的 Fenton 抛光液在(110)晶面和(111)晶面金刚石 CMP 中的适用性。实验结果表明:Fenton 抛光液对三个晶面金刚石的 CMP 都有效果,其中对(100)晶面金刚石的抛光效果最佳;(100)晶面、(110)晶面和(111)晶面金刚石在 CMP 中的材料去除率呈现各向异性,且大小关系为(100)晶面>(110)晶面>(111)晶面。通过基于 ReaxFF 力场的分子动力学模拟揭示了 CMP 中不同晶面的金刚石的材料去除率呈各向异性的原因:金刚石表面的化学吸附各向异性导致被弱化的 C—C 键数目不同,进而引起金刚石 CMP 中材料去除率的各向异性。

本书内容以史卓颖攻读博士期间的研究成果为主,金洙吉教授对相关研究工作提供了无私的指导和帮助,在此表示诚挚的感谢。同时,在写作本书中参考了大量的文献资料,在此谨向其作者表示感谢。

由于水平有限,书中难免有不足之处,请读者指正。

著　者

2024 年 11 月

目录

Contents

第1章 绪 论

自金刚石于公元前 3 世纪在古印度被发现以来,它就一直备受世人瞩目。原生金刚石是碳元素在高压(5～7 GPa,深度大约为地下 100～300 km)和高温(1 200～1 800 ℃)的自然环境条件下形成的[1]。这种特殊的高温高压极端环境造就了金刚石出色的物理化学性质,它具有极高的硬度、出色的导热性、极强的化学稳定性、极高的电子迁移率,这是其他任何材料都不具备的[2-3]。由于这些卓越的性能,金刚石成了杰出的工业材料,被应用于超精密加工以及光学、声学和微电子等领域[4]。随着人造金刚石合成技术的发展,其生产成本逐渐降低,金刚石的应用也进一步得到推广。这些领域的应用都对金刚石的加工精度和表面质量提出了很高的要求,而人工合成金刚石和天然金刚石的初始表面一般不平整且形状不符合要求,不能直接应用,需要对金刚石进行后续的加工,主要包含切割加工获得几何形状以及研磨、抛光获得光滑的表面[5]。其中,抛光通常为加工过程中的最终加工工序,其目的主要是降低金刚石的表面粗糙度。这对于获得高质量的金刚石表面来说十分重要。因此,对金刚石的抛光技术和材料去除机理的研究一直以来都是世界各国学者关注的热点[6-10]。

金刚石的高硬度、高耐磨性和高化学稳定性等材料特性,也给抛光带来了诸多困难,因此出现了机械抛光、热化学抛光、离子束抛光、激光抛光等多种金刚石抛光技术。虽然这些抛光技术各具特色,在加工表面质量或材料去除率等某些方面有一定优势,但总体而言还难以同时满足高效、低成本、高表面质量抛光需求。化学机械抛光(CMP)技术耦合了机械作用和化学作用,通过磨粒不断地去除氧化反应层来获得平整超光滑表面,可以避免严重的机械损伤,且加工设备简单,在集成电路制造的单晶硅、铜互连层等抛光领域得到了广泛应用,在金刚石材料的高表面质量抛光方面具有良好的应用前景。但与上述单晶硅、铜等材料相比,由于金刚石的化学稳定性极高,常见氧化剂在常温条件下很难与金刚石材料发生化学反应,所以人们提出了以熔融盐作为氧化剂的高温(一般 300 ℃以上)抛光方法,但此方法的抛光温度过高,存在抛光液易挥发(导致抛光中抛光液性能的不断变化)、抛光盘热变形严重等问题,不易保持抛光工艺过程的稳定性,从而影响加工精度和表面质量,至今未得到实际应用。针对这一问题,学者不断改进抛光液配方,采用氧化性较强的高铁酸钾或高锰酸钾溶液等途径,将抛光所需环境温度降至 50～70 ℃,这样抛光液挥发和抛光盘热变形等问题虽得到了一定程度的改善,但仍不能从根本上消除。因此,近年来有学者采用硅溶胶抛光液尝试在常温下抛光金刚石,但由于硅溶胶的化学作用相对较弱且磨粒硬度较低,因此抛光中金刚石的材料去除率很低。可见,进一步探索常温下的金刚石 CMP 技术是十分必要的。

　　此外,金刚石的 CMP 过程涉及多种机械和化学因素,而这些因素彼此之间也会相互影响,其过程十分复杂。为了揭示金刚石 CMP 的材料去除机理,成分检测和分子动力学模拟等方法被用在了金刚石 CMP 的机理研究上。通过检测抛光后的试件表面或者抛光液的成分可以推测抛光中的化学反应和材料去除过程,但是不能揭示抛光过程中原子间相互作用的细节。为了可视化材料的微观材料去除细节,基于经典力场的分子动力学方法先被用于模拟金刚石的 CMP 过程。该方法计算量小、适合大体系,但是由于该方法将电子和原子核简化为一个整体,不能有效地模拟 CMP 中的化学作用过程(化学键的生成和断裂过程等),多局限于描述抛光中的机械行为。为了揭示抛光中的化学作用,人们开始利用第一性原理方法来模拟金刚石的 CMP 过程。虽然这种方法具有模拟计算电子运动的功能,为模拟化学作用过程提供了可能性,但由于其计算量过大,只适用于小体系、短时间的模拟,相关的研究工作主要关注金刚石的局部摩擦状态等,没有考虑抛光液的作用。有关同时考虑磨粒的机械作用以及抛光液的化学作用对金刚石 CMP 过程进行微观模拟的研究尚未见文献报道。因此,需要对金刚石 CMP 的材料去除机理作进一步的研究,从原子级的角度分析抛光液和金刚石、磨粒和金刚石的相互作用。

1.1　金刚石的结构及性质

一、金刚石的晶体结构

　　金刚石是由碳元子构成的原子晶体,是一种石墨的同素异形体[11]。但是两者的性质完全不同,金刚石硬度很大而且不导电,石墨硬度较低而且导电良好。金刚石和石墨两者之间截然不同的材料特性是由它们的晶体结构不同造成的。金刚石中 C—C 化学键之间的夹角都是 $109°28'$,构成金刚石的正四面体结构,属于面心立方体,具有高度的对称性。

　　对于金刚石而言,晶体结构中的 C—C 化学键是由 sp^3 杂化形成的。金刚石 sp^3 杂化的基本过程和晶体结构如图 1.1 所示。Pauling 等基于价键理论提出的杂化轨道理论认为,原子之间发生成键行为时,杂化后的轨道能够产生比未杂化的原子轨道更大的重叠,从而形成更稳定的结构[12]。碳元素在元素周期表上排在第六位,每个碳元子都包含 6 个电子,用 $1s^2 2s^2 2p^2$ 表示其电子组态,K 层中分布有两个电子,L 层中有四个电子。在碳元子的 K 层中,只有一个轨道,轨道上有两个自旋方向相反的电子,这两个电子相互成对,且离原子核最近,能量最低,不参与成键行为。在碳元子的 L 层中,只有一个 2s 能量状态的轨道,两个电子处于该轨道且以相反的自旋方向成对;有 $2p_x$、$2p_y$、$2p_z$ 三个 2p 能量状态的轨道,两个处于 2p 能量状态的电子分别占据一个轨道,没有成对,属于价电子。在金刚石的结构中,一个碳元子需要和周围的四个碳元子成键,而碳元子只有两个价电子,为了达到成键的目的,碳元子外层的电子组态发生了变化[13],其中一个原本处于 2s 能量状态的电子被激发,并跃迁到了能量更高的 2p 能量状态的一个空轨道上,此时 L 层的四个电子中有一个在 2s 轨道上,另外三个分别在三个不同的 2p 轨道上。接着,这四个不同的轨道发生杂化,形成了四个均等的 sp^3 杂化轨道,每个轨道包含 1/4 的 2s 轨道成分和 3/4 的 2p 轨道成分,并且各有一个成单电子位于上面。此时,碳元子的价电子数目变为四个,它们处于四个独立的轨道上且自旋方向相同,成键时会向四个方向延展形成四面体结构。

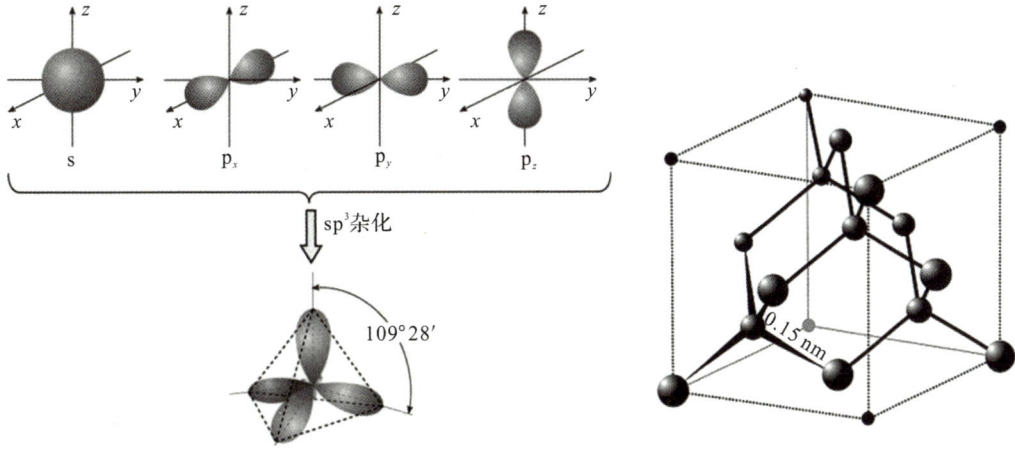

图 1.1　金刚石碳原子的 sp³ 杂化过程和金刚石的晶体结构

二、金刚石的物理化学性质

物质的结构决定其性质,金刚石独特的晶体结构使它具备了其他材料所没有的特殊性质。

1. 力学特性

金刚石中碳原子的每个价电子都和周围的原子形成了 C—C 共价键,键能很大(367 kJ/mol[14]),且构成了空间上的致密又连续的骨架结构,因此它是在地球上目前已发现的材料中硬度最高的,其莫氏硬度高达 10 级,维氏显微硬度为 95 000~100 600 N/mm²,耐磨性也极高,是优质的刀具材料。此外,由于晶体结构上的特点,单晶金刚石的耐磨性和硬度等性质都是各向异性的。金刚石为脆性材料,当它受到大载荷的冲击时容易沿着晶面间距较大的(111)晶面解离破碎[15]。金刚石一些其他力学性质如表 1.1 所示。

表 1.1　金刚石的力学性质

力学性质	金刚石
密度/(g·cm⁻³)	3.515
弹性模量/Pa	1.05×10^{12}
泊松比	0.2
摩擦因数	0.08~0.1
断裂韧性/(MPa·m^{1/2})	约 3.4
抗拉强度/Pa	约 3×10^{9}

2. 热学特性

金刚石的导热能力非常突出,纯净的金刚石在室温下的热导率高达 2 300 W/(m·K)[16]。表 1.2 展示了常见材料的热导率,可以看到金刚石的热导率是碳化硅的 4 倍以上,是硅的约

15 倍。同时,金刚石在高温下同样可以保持很高的热导率,材料自身也十分耐高温,在无氧的环境下它在 4 000 ℃左右的温度下才会熔化,因此金刚石常被用作一些高温环境的导热元件。此外,金刚石的线膨胀系数只有 1.2×10^{-6} K^{-1},温度的变化不会让它发生太大的形变,环境的骤冷骤热对金刚石材料损伤较小。

表 1.2　常见材料的热导率

材料名称	金刚石	硅	碳化硅	金	银	铜	铝	铁
热导率/[W·(m·K)$^{-1}$]	2 300	150	490	317	429	401	237	80

3. 光学和声学特性

金刚石在受到波长小于 225 nm 的高能紫外线辐射时可能会被激发,吸收一部分能量[17]。而从波长大于 225 nm 开始到毫米波的波段,除了在 $3 \sim 6$ μm 处存在由双声子吸收产生的本征吸收峰以外,纯净的金刚石在理论上的透过率可以达到 71.6%[18]。也就是说,金刚石在大部分的紫外波段和基本上全部的可见光、红外光波段都具有极好的透光性,它几乎是一种全波段透光的材料。

声音是通过物体的振动而产生的,通过介质进行传播,介质的弹性模量越大则声速越大,介质的密度越大则声速越小。金刚石是一种高弹性模量低密度的材料,声波在其中的传播非常快,沿着金刚石(100)方向的纵波和横波声速高达 17 520 m/s 和 12 820 m/s[19]。

4. 电学特性

纯净的金刚石电阻率极大,具有良好的电绝缘特性。而通过适当的掺杂,金刚石材料会由绝缘体转变为半导体。金刚石半导体的禁带宽度达到了 5.5 eV,超过了其他常用的半导体材料,如 SiC($2.2 \sim 3.26$ eV)、GaN(3.39 eV),是一种典型的宽带隙半导体,因此使用金刚石制作的电子器件具有更广泛的工作温度区域。此外,金刚石还具有高载流子迁移率、低介电常数、高击穿电压和高载流子饱和漂移速率等优越的性质[20-21]。

5. 化学性质

金刚石是一种化学热力学上不稳定的物质,但由于晶格内强大的 σ 键的束缚,所以它在化学动力学上十分稳定[22]。在化学热力学中,判断一个化学反应是否可以正向发生,通常以吉布斯自由能变的正负为依据。化学反应的吉布斯自由能变为[23]

$$\Delta_r G_m = \Delta_r H_m - T \Delta_r S_m \tag{1.1}$$

式中：$\Delta_r G_m$ 为化学反应的吉布斯自由能变;$\Delta_r H_m$ 为化学反应的焓变;$\Delta_r S_m$ 为化学反应的熵变;T 为当前化学反应的环境温度。

当 $\Delta_r G_m < 0$ 时,反应为自发过程,反应正向进行;

当 $\Delta_r G_m = 0$ 时,反应处于平衡状态;

当 $\Delta_r G_m > 0$ 时,反应为非自发过程,反应逆向进行。

根据相关物质的化学热力学数据(见表 1.3),可计算出石墨化反应及氧化反应的吉布斯自由能,如下式所示:

$$\Delta H_{gra}=0-1.896\,2=-1.896\,2(kJmol^{-1})$$

$$\Delta S_{gra}=5.694\,0-2.438\,9=3.255\,1(J\,mol^{-1}K^{-1})$$

$$\Delta G_{gra}=\Delta H_{gra}-T\Delta S_{gra}=-1.896\,2-298\times0.003\,255\,1=-2.866(kJ\,mol^{-1})<0$$

$$\Delta H_{oxy}=-393.509-1.896\,2-0=-395.405\,2(kJ\,mol^{-1})$$

$$\Delta S_{oxy}=213.74-2.438\,9-205.138=6.163\,1(J\,mol^{-1}K^{-1})$$

$$\Delta G_{oxy}=\Delta H_{oxy}-T\Delta S_{oxy}=-395.405\,2-298\times0.006\,163=-397.2(kJ\,mol^{-1})<0$$

$$(1.2)$$

进而能判断出金刚石在常温、常压($298.15\ K$、$101.325\ kPa$)下的石墨化($C_{dia}\rightarrow C_{gra}$)和在空气中的氧化($C_{dia}+O_2\rightarrow CO_2$)都是自发反应。

表 1.3 相关物质的热力学参数

化学式	状态	$\Delta H_{298}^{\ominus}/(kJ\cdot mol^{-1})$	$\Delta S_{298}^{0}/(Jmol^{-1}K^{-1})$
C_{dia}	固	1.896 2	2.438 9
C_{gra}	固	0	5.694 0
O_2	气	0	205.138
CO_2	气	−393.509	213.74

但由实际的加工经验可知,金刚石向石墨的转化十分困难,需要在 $1\,000\ ℃$ 以上的高温下才能够观察到比较明显的反应变化[16],这说明常温、常压下金刚石的石墨化反应在化学动力学上十分缓慢。此外,苑泽伟[22]设定 E_a 为 222 mol,A 为(2.0 ± 0.3)$\times 10^7$ nm/(s·Pa),通过阿伦尼乌斯公式计算了金刚石氧化的反应速率常数:

$$k=A\mathrm{e}^{-E_a/RT} \tag{1.3}$$

式中:E_a 为活化能,是反应物达到活化状态所需要的能量;A 被称为指前因子;k 为反应速率常数;R 为摩尔气体常数;T 为热力学温度。

并根据反应 $C+O_2\rightarrow CO_2$ 中的反应速率方程计算出金刚石在空气中的氧化速度仅为 2.822×10^{-19} nm/s,十分缓慢,几乎难以察觉:

$$v=k\{c(A)\}^a\{c(B)\}^b=kp_{O_2} \tag{1.4}$$

式中:v 为金刚石的去除速率,单位为 kg/s;p_{O_2} 为氧气的分压(0.21×10^5 Pa)。

可见,金刚石的化学性质极其稳定,常温、常压下金刚石的石墨化和在空气中的氧化等反应在化学动力学上难以实现。人们通常采用提供高温环境、选用更强的氧化剂或者添加合适的催化剂等方法来促进金刚石的化学反应。

1.2 金刚石的应用

物质的性质决定了其应用,金刚石出色的力学、热学、光学、声学、电学和化学特性使它在超精密加工、新型电子产品、光学窗口等领域得到了广泛的应用。

一、金刚石在超精密加工领域的应用

超精密加工技术是加工精度能达到某一量级的所有制造技术的总称,一般来说,把加

工精度高于 $0.1~\mu m$,加工表面粗糙度(Ra)小于 $0.01~\mu m$ 的加工方法称为超精密加工。超精密加工技术在尖端科技产品、国防装备及某些民用品的制造上有着不可或缺的地位,在战略上被各国高度重视,已经成为衡量一个国家制造水平的标志。超精密加工的种类有超精密磨削、超精密车削及特种加工等。其中,超精密车削可以直接达到超光滑的加工表面,代替传统的磨削方式,从而能够达到减少加工工序、节省工时的目的,同时也能提高加工表面质量和加工精度,由于其优良的加工特性,所以近些年得到了广泛的关注[24-25]。

在超精密切削中,获得高质量加工表面所需的因素除高精度的机床、超稳定的加工环境外,其中很重要的一个方面是高质量的刀具[26-27]。金刚石刀具具有超精密切削所需的所有性能,主要包括极高的硬度、耐用度和弹性模量;由于刀具刃口半径值可以磨得极小,刀具极其锋利,所以能够对超薄的厚度进行切削;与工件材料的抗黏结性好、摩擦因数低(例如,金刚石与铝等有色金属的摩擦因数为 $0.06\sim0.13$)、化学亲和力小;刀刃应无缺陷(因切削时刃形将复印在加工表面),否则会破坏表面光滑度;能得到极好的加工表面完整性[28]。由于金刚石的晶体结构特点,所以理论上可以使刀具刃口达到原子级的锋利度与平直度,切削时精度高、切薄能力强、切削力小;刀具的超长寿命由单晶金刚石的硬度、抗磨损、抗腐蚀性和化学稳定性保证,在持续长久的切削过程中保持刀刃的正常形貌进而减少由于刀具磨损造成的零件精度降低;金刚石具有高的热导率,可以通过降低加工区域的温度达到防止零件热变形的目的。因此,金刚石被认为是最理想的超精密切削用刀具材料,常用于有色金属、非金属硬脆材料、高耐磨材料、复合材料等难加工材料的切削,如陶瓷基复合材料。

随着航天技术的高速发展,轻质高强的陶瓷基复合材料逐渐代替高温合金等传统金属材料用于航空发动机制造领域。由于陶瓷基复合材料硬度很高、脆性较大且基体和增强纤维性能在一定程度上呈现各向异性,所以在机械加工过程中易造成毛刺、剥落、崩边掉块、纤维断裂、裂纹等损伤及其他缺陷,采用传统的金属切削刀具的材料去除效率低,刀具磨损快,可以采用高性能的金刚石刀具对其进行机械后处理加工[29]。

此外,由于单晶金刚石刀具存在生产成本高、刀具和基体结合力较弱的局限性,所以金刚石及类金刚石涂层刀具也在蓬勃发展。化学气相沉积(Chemical Vapor Deposition,CVD)金刚石薄膜涂层刀具因具有制备工艺简单,可以做成各种复杂形状刀刃,而且具有很高的硬度、耐磨性和良好的冲击韧性等诸多优点,能够满足加工中心大批量、高效率、高精度的加工要求,而逐渐成为切削轻质高强度材料的主流刀具[30]。金刚石刀具如图1.2所示。

(a)   (b)

图 1.2　金刚石刀具

(a)单晶金刚石刀具；　(b)金刚石涂层刀具

二、金刚石在新型电子产品领域的应用

随着信息技术的发展,工业上对于发展高功率、高频和耐高温电子器件的需求越来越迫切,传统的硅与 GaAs、GaP 等化合物半导体材料难以满足光电子、电力电子和射频微波等领域器件性能快速提升的要求。而单晶金刚石具有超宽的禁带宽度、低的介电常数、高的击穿电压、高的本征电子和空穴迁移率,以及优越的抗辐射性能,是已知的最优秀的宽禁带高温半导体材料[31]。金刚石掺杂后具有半导体特性,例如掺入适量的硼元素后可以获得比常用半导体材料(如硅、氮化镓等)更好的电学性能,可以用于制作高功率、高频和耐高温电子器件以及短波长的光电半导体器件[32-33]。由于金刚石带隙很宽,所以它既能作为有源器件材料(如场效应管和功率开关),也能作为无源器件材料(如肖特基二极管等)[34],在半导体领域中有着广泛的应用,目前高品质的人造单晶金刚石已经被用在了新型电子设备和传感器[金刚石电化学传感器头如图 1.3(a)所示]等方面,并在量子计算机的研究中发挥了重要作用[35]。除了电学特性,金刚石半导体材料相对于传统半导体材料具有更优异的热学、力学特性以及出色的化学稳定性,使它能够在强腐蚀、高温度或者高载荷的恶劣环境中稳定地工作[36]。

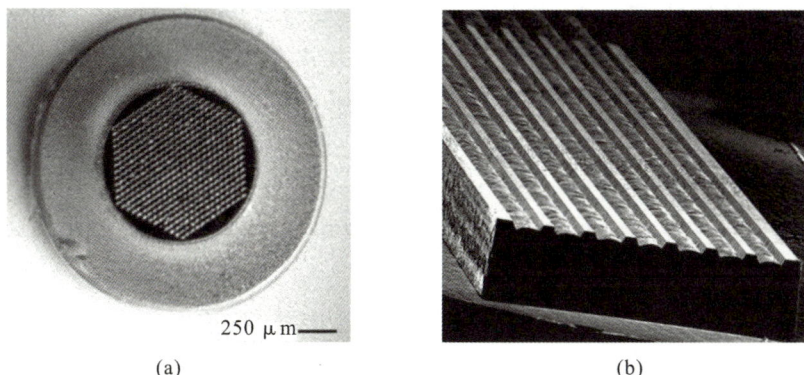

(a)　　　　　　　　　　　　　　(b)

图 1.3　金刚石传感器和热沉

(a)金刚石电化学传感器头[41]；　(b)金刚石热沉[15]

此外,由于金刚石在高温下能够保持极高的电阻、良好的导热性能和极低的热膨胀系数,所以它还常被用于制作大功率电子器件中的热沉材料,如图 1.3(b)所示。近年来,芯片上电子元件的密度越来越高,功率可能会超过 100 W[37],在单位面积产生大量的热能,过高的温度(大于 100 ℃)会导致芯片不能正常工作[38]。由于传统散热材料/器件散热能力的不足,所以很多电子器件只能发挥其理论性能的 20%～30%。金刚石热沉材料的出现成为解决微电子领域散热问题的关键。相比于传统金属散热材料,金刚石基材料(单晶、多晶金刚石材料及金刚石增强金属基复合材料)的热导率提升了数倍,能够显著提升散热效率[39],是一种具有良好前景的优异的电子封装材料。其中,常见的金刚石增强金属基复合材料主要有金刚石/Cu、金刚石/Al,可以通过调整复合材料中金刚石和 C 或 Al 的比例,来设计适用于需求的热导率和热膨胀系数的范围,因此成为国内外电子封装领域研究的重点。目前金刚石增强金属基材料的热导率已可达到 350～600 W/(m·K),美国、日本和英国等已开始

将其应用在航空航天电子设备、高性能服务器、军用便携计算机等领域[40]。

三、金刚石在光学窗口领域的应用

由于金刚石在非常广泛的波段都具有出色的透光性能，再加上其他优异物理化学性质，所以它被认为是制造一些光学器件的最佳材料[42-44]。尤其是在军事领域，金刚石窗口的应用十分广泛。

当前国际形势复杂多变，世界主要强国的竞争日益加剧，为加强本国国防力量建设，各国通过新材料的研发与相关器件的制备来设计改良武器进而实现装备现代化升级。碳材料就是一种广受关注的材料，其中的金刚石更是典型的代表，它能够用作高功率微波武器、激光武器和红外探测器等装备的光学窗口材料[45]。

在高功率微波武器方面，微波输出窗口作为将武器系统中将高功率微波源腔体中高真空环境与大气环境隔离开的重要部件，必须要承受高功率微波作用所带来的热冲击作用，避免输出窗口被击穿破坏进而失效，同时保证较高的微波透射率以减少功率损失。为了减少高功率微波输出窗在强电磁场作用下出现的各类损伤并提升微波传输效率，微波窗口材料应具有较好的力学性能、高热导率、耐高温性能、低介电常数、低介电损耗和低驻波系数。目前常用的窗口材料（如氧化铝、氮化铝、氧化铍等）难以同时满足多方面的性能要求，这制约了高功率微波源向更高功率发展，进而限制了高功率微波武器的杀伤力。而金刚石的力学、热学和电磁学特性都很出色，由于自身性能而成为大功率微波窗的首选窗片材料。其使用的主要局限性在于成本较高和焊接性能较差[46]。但是，人造金刚石技术的进步和金刚石膜封接技术的完善为金刚石微波窗口的进一步发展提供了有利条件[47]。

在红外探测器方面，红外光学窗口/整流罩是导引头光电系统的重要结构功能组件，起着隔离外部的恶劣大气环境与精密的光电系统、与内部其他元件一起组成光学成像系统两方面的作用。红外探测器工作时所处的环境经常在野外，可能会受到风沙、雨雪等天气的影响，需要红外窗口同时具备较高的透过率、优异的机械强度以及良好的成像性能，因此将金刚石厚膜钎焊到传统材料上[48-49]或者直接在其上沉积金刚石薄膜[50-51]，可以实现对窗口的保护。同时，弹载的红外探测器窗口可能还会因为受到导弹超声速飞行中产生的气流和高温等的影响而受到破坏，传统材料的窗口就更显得"脆弱"，强度极高又耐高温的金刚石是用做窗口保护层的理想材料[52]。图1.4为金刚石微波透射和红外探测窗口。

在高能激光武器方面，其关键部件——高功率激光器的核心是由放电管、后腔反射镜、前腔窗口组成的谐振腔。为了发挥高能激光武器的作用，使得高功率激光透过且不引起窗口的损坏，前腔窗口必须在能够保证承受兆瓦级别能量的同时，还不会使得高能激光束的波前发生畸变[45]。以传统的ZnS前腔窗口为例，由于难以及时散热，所以高功率激光通过介质窗时会呈现温度梯度性变化，进而导致折射率梯度畸变。而金刚石介质窗的热导率很大，引起温度梯度和折射率梯度变化很小，光束不会畸变[53-54]，同时金刚石在激光波段有较高的透过率和优异的机械性能，几乎能完美地匹配高功率激光器对窗口材料的需求。据报道，美国通用公司将金刚石膜做成大功率激光窗片，可承受高达200 kW的CO_2激光输出[55]。

此外,金刚石及类金刚石还经常在核领域窗口被使用。核聚变反应的加热温度高达 1×10^8 K 以上,在点火时产生和传输的能量达到了兆瓦级别,一些传统的微波窗口材料,如蓝宝石和 BeO 等难以在核聚变反应的环境下正常工作,而光学级的金刚石膜热导率极高、微波介电损耗大约只有蓝宝石的 1/10,成为核领域窗口的最佳选择,已经被用于制造"托卡马克"磁约束核聚变装置的高功率微波窗口[56]。

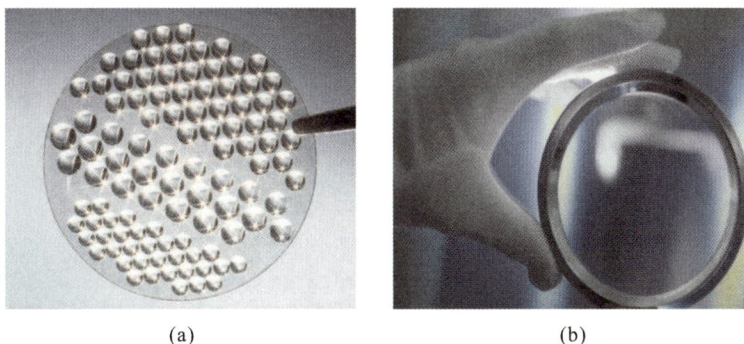

(a)   (b)

图 1.4 金刚石光学窗口

(a)金刚石微波透射窗口; (b)金刚石红外探测窗口

四、金刚石在其他领域的应用

金刚石刀具可以制作得极其锋锐,常用作口腔科、眼科、骨科和神经外科的手术刀,得到的创口边缘整齐,易于愈合和恢复。金刚石具有极强的耐腐蚀性能,耐磨性也极佳,同时它具有很好的生物相容性,不容易引发人体的排斥反应,因此它是良好的生物植入材料[57],图 1.5(a)展示了纳米金刚石涂层的人造关节。此外,金刚石在体内十分稳定,坚固耐用,抗辐射损伤能力强,且对一些生物大分子有选择性,具有优良的半导体特性和电化学性质,成为生物医学领域很有潜力的一种生物传感器载体[58]。

此外,金刚石的弹性模量大,是传声速度最快的介质,可以在声学领域用于制作高频的表面声波(Surface Acoustic Wave,SAW)器件[59]以及扬声器和耳机的高保真振动膜[60],如图 1.5(b)所示。

(a)   (b)

图 1.5 金刚石在医学和声学领域的应用

(a)纳米金刚石涂层的人造关节; (b)用于制备高品质扬声器的金刚石振动膜

金刚石拥有众多其他材料难以比拟的优越特性,但是如果其表面质量不佳,在应用中就很难将材料本身的出色性能发挥出来。从表 1.4 中可以看出,采用金刚石制作的大多数产品都需要具备良好甚至极佳的表面质量。例如:金刚石作为超精密切削用刀具时,需要将刀口能磨得极其锋利,同时刀刃应光滑无缺陷,否则将直接影响被加工表面的质量,难以实现超精密加工;金刚石用于制作激光窗口时,要求窗口的两面都非常平坦、光滑,以避免表面的微小缺陷造成激光方向的改变和能量的耗散;金刚石作为电源转换器或固态射频功率放大器等领域的散热元件时,也要求其表面平整无缺陷,因为晶格缺陷会导致声子散射从而使热传导性变差。此外,如果金刚石表面粗糙,那么它和金属的实际接触面积就会减小,影响到器件的散热效率。

表 1.4　金刚石各项应用对表面质量的要求[61]

类型	应用	抛光要求
切削工具	刀片、钻头、手术刀	光滑的表面
耐磨部件	轴承、喷嘴、医用植入物,模具	良好的抛光表面
声学	扬声器振膜	良好的抛光表面
防腐	坩埚、反应容器	良好的抛光表面
光学	X 射线窗口、红外窗口	极佳的抛光表面
热学	集成电路或者激光的散热器	良好的抛光表面
半导体	UV 传感器、晶体管	良好的抛光表面
电子器件	场致发射冷阴极	良好的抛光表面

1.3　金刚石抛光技术研究概况

金刚石优异的物理和化学性质使它成为各个领域备受关注的材料,与此同时,为了保证使用性能,各个应用都对其表面质量提出了很高的要求。但是金刚石自身的性质,如高硬度、高脆性、高化学稳定性等,使它的加工变得十分困难。为了解决金刚石的高效、低成本、高表面质量抛光难题,国内外开展了有关抛光新方法及工艺优化等方面的大量研究工作。

一、常用的金刚石抛光方法

金刚石材料的基本去除方法包括微碎裂[62]、利用黏滞力带走被加工材料[63]、重组金刚石碳原子结构使其转变为无定形碳随后通过化学和物理的方法将之去除[61]等。基于这些材料去除方式,学者提出了许多抛光方法,如机械抛光[64]、热化学抛光[65]、离子束抛光[66]、激光抛光[67]、化学机械抛光[68]等。下面介绍这几种常用的金刚石抛光方法以及它们存在的问题。

1. 机械抛光法

机械抛光是最早被人们用于金刚石抛光的方法,现在这种最传统的的抛光方法依然有着广泛的应用。该方法通常是选用铸铁盘作为研磨盘,将金刚石研磨膏均匀涂抹于盘上,使之与金刚石试件在一定压力下对研,装置结构简图如图 1.6 所示。研磨盘以上千转每分的转速高速旋转,带动磨粒与金刚石试件表面发生相对运动,从而使材料在划擦和滚轧下被去除。

金刚石机械抛光的主要作用机理是金刚石在磨粒的微切削作用下发生微破碎和相变[26,69-70]。金刚石尤其是单晶金刚石在机械抛光中呈现出显著的各向异性,沿着不同晶面和晶向抛光都会导致完全不同的抛光效果[71],以微破碎和相变形式去除的碳原子的比例也会发生相应的变化,Pastewka 等通过模拟发现金刚石最软的 $\{110\}\langle100\rangle$ 晶面/晶向发生 sp^3C 到 sp^2C 相变的碳原子的比例是最高的[69]。Hitchiner 等通过实验证实了使用抛光轮沿着"易磨方向"抛光单晶金刚石的效率比抛光多晶金刚石材料时的去除效率要高 8 倍左右[72]。机械抛光工艺使用的设备简单,且对加工环境没有特殊的要求,因此加工成本较低。但是其微破碎的去除机制限制了它的加工表面质量,抛光后的金刚石表面较粗糙且存在加工损伤层,亚表面存在裂纹。这些缺陷可以通过减小抛光中使用的磨粒尺寸以及调整抛光压力、抛光盘转速等参数来改善,但不能完全消除[73]。同时,当选用小粒径的磨粒进行机械抛光时,金刚石的材料去除率很低。

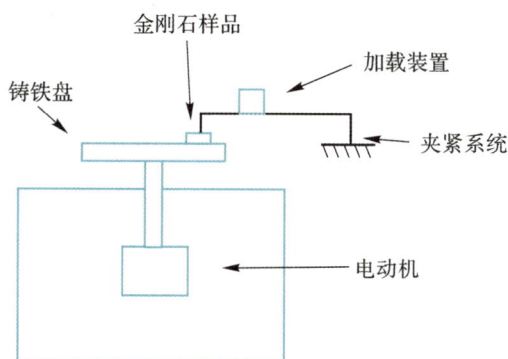

图 1.6　机械抛光装置结构简图[74]

2. 热化学抛光法

石墨结构相比金刚石更加稳定,根据热力学理论,当金刚石获得足够的能量时其中的碳元素会转化成石墨形式存在。热化学抛光金刚石的方法最早是由 Grodzinski[75] 提出的,随后很多学者又在此基础上改进了工艺,其加工装置的原理示意图如图 1.7 所示。主要方法是让金刚石试件与铁、镍、钨、钼或锰等材质的研磨盘在高温环境下对磨,金刚石表面的碳原子在高温(600~700 ℃)条件下获得能量,被活化,进而扩散到研磨盘中实现材料去除。这种加工方法的材料去除率很高,可以达到 0.5~7 μm/h,但其还在很多问题:加工设备复杂,需要加热装置,还需要提供一定的气体环境(如氢气、氮气、氩气等);高温条件下抛光盘磨损和热变形问题严重,难以稳定控制抛光工艺过程,无法保证加工精度和表面质量。

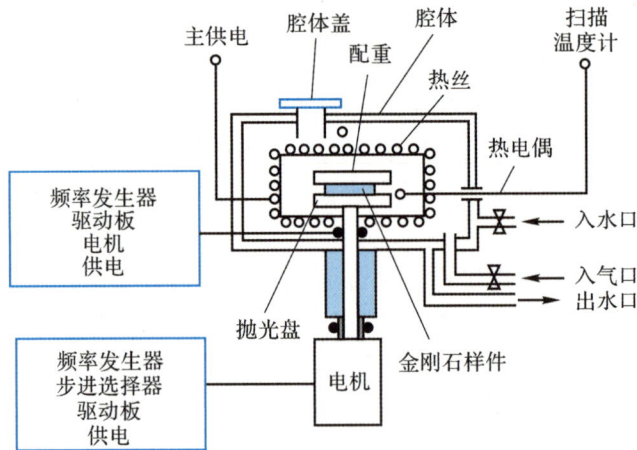

图 1.7　热化学抛光实验装置示意图[76]

3. 离子束抛光法

离子束抛光法是采用能量密度很高的离子束轰击金刚石表面,通过物理碰撞破坏碳碳键使碳原子从表面剥离[77]的方法,抛光原理图如图 1.8 所示。高能离子束是由离子源产生的离子束加速聚焦后形成的,其能量的大小直接影响到金刚石的材料去除率,离子源中通常使用的是惰性气体。后来,学者提出了用 CF_4[78]等反应气体代替惰性气体或和惰性气体组成混合气体,这样通过离子源形成的反应离子束除了物理撞击外,还会与金刚石表面的碳原子发生化学反应,其被称为反应离子束抛光,有比 Ar 离子束更高的材料去除率。由于离子束抛光是一种非接触的加工方式,所以它对金刚石表面造成的损伤较小,加工精度较高。同时,由于离子束的强度、角度等参数都可以灵活地调节,所以离子束抛光的可控性很强。但是,离子束腔体的尺寸有限,它适用于加工结构复杂的小尺寸工件。此外,离子束抛光需要整套专用的设备(离子源、加速器等)以及真空环境,设备昂贵,加工成本高。

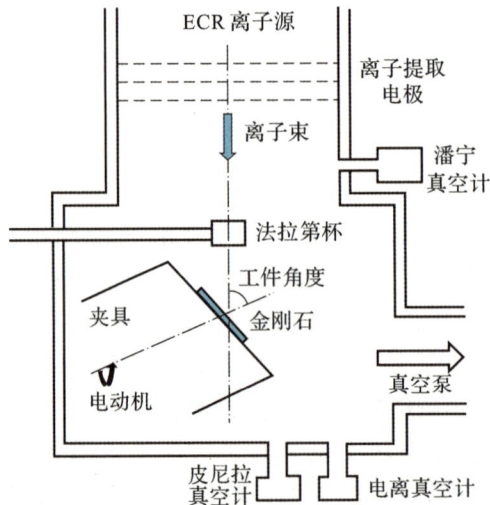

图 1.8　离子束抛光装置示意图[81]

4. 激光抛光法

和离子束抛光一样,激光抛光也是一种非接触式的抛光方法,主要作用原理是利用聚集性好、能量密度高的高频脉冲激光束所产生的局部高温使金刚石发生石墨化、蒸发烧蚀和热氧化[82]。其装置的结构简图如图 1.9 所示。

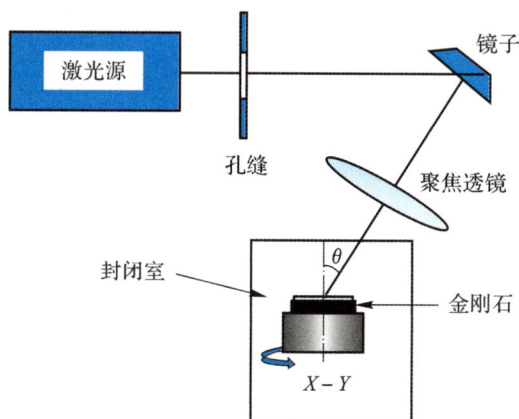

图 1.9　激光抛光装置示意图[83]

激光抛光的特点是材料去除率高,能够抛光指定的小区域,也可以大面积抛光,操作比较灵活,但是加工后表面可能存在石墨污染且表面粗糙度值较高,同时由于金刚石的宽透光特性在加工中需要选择合适波长的激光[84]。

二、金刚石的化学机械抛光技术

前面介绍的几种抛光金刚石的方法在加工原理、加工精度、尺寸要求、设备条件和抛光速率等方面都不尽相同,存在各自的优势和不足。例如:机械抛光的设备最简单,但是会对金刚石表面产生损伤;热化学抛光对金刚石的材料去除率很高,但是它的设备复杂,且通常获得的金刚石表面较粗糙;几种非接触式的抛光方法都比较灵活,可以加工非平面,但是都存在设备昂贵的问题。化学机械抛光是一种将机械作用和化学作用结合起来的技术,抛光过程中抛光液中的氧化剂与试件表面的材料发生化学反应,生成相对较软的软质层,接着软质层在磨粒的机械作用下被去除,暴露出来的新鲜表面继续和氧化剂发生化学反应,循环往复。该抛光方法需要的设备简单,且减少了机械损伤,在加工质量、成本和效率各方面比较均衡,是集成电路制造中应用最广泛的平坦化方法,在金刚石的抛光方面也有很大的潜力。但是,金刚石极其稳定的化学性质使它不容易发生氧化反应,给金刚石的化学机械抛光带来了挑战。

针对金刚石硬度高、化学惰性强的特点,Thornton 等[85]于 1974 年首先提出了高温抛光金刚石的方法。将熔融的硝酸钾覆盖在传统的抛光盘上,使得压在抛光盘上的金刚石材料在受到磨粒机械作用的同时,还在表面发生氧化反应。硝酸钾的熔点是 334 ℃,需要加热抛光盘使温度高于它的熔点。研究发现,在机械和化学的共同作用下,金刚石的材料去除率较单纯的机械抛光得到了显著的提高,可达几微米每时。王成勇等[86]把具有较低熔点的熔融盐硝酸锂和硝酸钾混合物作为氧化剂抛光金刚石,最终在 350 ℃ 的温度下获得了 $Ra=0.4\ \mu m$ 的表面粗糙度和 $1.7\sim2.3\ mg/(cm^2 \cdot h)$ 的材料去除率。熔融盐的熔点高,使用熔融盐作为氧化剂来抛光金刚石需要很高的抛光温度(一般 300 ℃ 以上),容易引起抛光液受热挥发,进而导致抛光过程不稳定,抛光盘也有可能发生热变形,影响到金刚石试件的面型精度,加工后的表面比较粗糙,同时熔融盐的挥发也会损害操作人员的健康。

为了降低金刚石化学机械抛光中所需要的环境温度,学者提出了把强氧化剂配制成溶液来代替熔融盐抛光金刚石的方法。2005 年,Cheng 等[68] 在 CVD 金刚石的化学机械抛光过程中用高锰酸钾和金刚石粉末的浆料作为抛光液,并用稀硫酸调节抛光液 pH,在 70 ℃ 的温度下,可以在 3 h 内获得 $Ra=20\ nm$ 以下的表面粗糙度。2006 年,Cheng 等[87] 在研究中,采用含有各类强氧化剂和金刚石粉的抛光液在 70 ℃ 或者 90 ℃ 的温度下对 CVD 金刚石膜进行了抛光。实验结果表明,含过硫酸钾的抛光液获得的材料去除率最高,而含高锰酸钾的抛光液获得了最低的局部表面粗糙度。分别采用过硫酸钾和高锰酸钾配制抛光液,对金刚石粗抛和精抛,5 h 后其表面粗糙度降至 10 nm 以下。苑泽伟[22] 选用高铁酸钾作为氧化剂,与粒径 $2\ \mu m$ 的碳化硼微粉配制成抛光浆料,在抛光盘转速 70 r/min、抛光头转速 23 r/min、抛光温度 50 ℃ 的工艺条件下,对 CVD 金刚石抛光 4 h 后在 $70\ \mu m \times 50\ \mu m$ 的区域获得了 $Ra\ 0.478\ nm$ 的表面粗糙度,材料去除率为 0.05 mg/h 左右(结合 $10\ mm \times 10\ mm$ 的试件面积,可以换算为 2.4 nm/min 左右)。相比于使用熔融盐的抛光方法,采用这类溶液型氧化剂的抛光过程相对更加温和,抛光后获得的金刚石表面质量更高,但是依然无法完全消除加热引发的抛光液挥发和抛光盘热变形等问题。

针对上述问题,学者展开了常温下抛光金刚石的相关研究。2013 年,英国学者 Thomas[88] 在罗技公司的抛光设备上用 SUBA - X 抛光垫和碱性硅溶胶抛光液抛光纳米金刚石(NCD),4 h 后金刚石表面粗糙度的均方根值(Root Mean Square,RMS)从 18.3 nm 降低到了 1.7 nm($5\ \mu m \times 5\ \mu m$ 的区域),在 $0.5\ \mu m \times 0.5\ \mu m$ 区域的表面粗糙度 RMS 低至 0.42 nm,并提出了二氧化硅和金刚石表面的成键是表面碳原子去除的前提。此后,Thomas 等又用碱性硅溶胶抛光了单晶金刚石[89],经过 3 h 的抛光后,(100)金刚石表面垂直于抛光方向的线粗糙度 RMS 从 0.92 nm 降低到了 0.23 nm,沿抛光方向的线粗糙度 RMS 由 0.34 nm 降到了 0.19 nm。但是,该文献没有介绍有关该工艺方法的材料去除率相关的信息,因此笔者采用该工艺方法进行了抛光实验,实验发现金刚石的材料去除率很低,这可能是由这种碱性硅溶胶的化学作用弱以及 SiO_2 的硬度较低等原因造成的。

综上所述,目前金刚石的化学机械抛光技术还不成熟,存在诸多问题,例如,采用一些熔融盐作氧化剂时,抛光需要的温度在 300 ℃ 以上,加工后金刚石的表面粗糙度较大,且高温环境会导致抛光液挥发,影响加工过程的稳定性,还会引起抛光盘的热变形,影响加工精度;采用高铁酸钾或高锰酸钾做氧化剂时,需要的抛光温度较低(一般采用 50～90 ℃ 的抛光环境),但是通常还是需要加热条件,不能从根本上消除上述抛光液挥发、抛光盘热变形等问题;而采用硅溶胶作为抛光液时,金刚石的材料去除率较低。因此,有必要进一步地探索金刚石的常温高效 CMP 工艺新方法,以实现在常温下的对金刚石的高效抛光。

由于金刚石的化学稳定性极强,所以需要选择氧化能力更强的氧化剂来实现金刚石常温下的抛光。·OH 包含一个未配对电子,在化学结构上比 OH$^-$ 少了一个电子,具有极强的电负性,它的标准电极电势为 2.8 V,高于上述高铁酸钾中的 FeO$_4$$^{2-}$(2.2 V)和高锰酸钾中的 MnO$_4$$^{-}$(1.7 V),是一种值得期待的氧化成分。因此,研究·OH 环境下抛光金刚石的可行性是十分重要的。

1.4 金刚石 CMP 的机理研究方法

一、各类材料 CMP 中常用的机理研究方法

化学机械抛光过程涉及多种因素,而这些因素彼此之间也会相互影响,因此 CMP 的作用机理复杂。虽然化学机械抛光已经在集成电路制造等领域得到广泛应用,但对于它的材料去除机理上的认识依然没有一个完整的结论,多年来一直是研究的热点。学者从建立材料去除的数学模型、产物成分检测和分析,以及微观实验等角度对化学机械抛光的机理进行了探索。

1. 构建数学模型研究 CMP 材料去除机理

化学机械抛光材料去除模型的建立,主要是基于大量的实验数据以及力学和统计的理论,得到关于抛光过程中的转速、压力、抛光液流速、抛光垫性质等输入变量与材料去除率、表面粗糙度等输出变量的关系。

1927 年,Preston[90]在研究玻璃抛光过程中提出了最早的化学机械抛光材料去除模型。该公式是基于实验数据总结的经验公式,指出了材料去除率与抛光载荷和相对速度线性正相关的关系,即

$$MRR = kPv \tag{1.5}$$

式中:MRR 代表材料去除率;P 是化学机械抛光中的载荷;v 是抛光中被加工试件与抛光盘的相对速度;k 是关于磨粒特性、抛光液的化学作用、抛光盘/磨粒/试件之间的摩擦作用等其他输入变量的系数。

在一些其他材料以及不同加工条件的化学机械抛光过程中,学者发现试件的材料去除率不完全遵从 Preston 方程[见式(1.5)],于是出现了很多其他数学模型对 Preston 方程的修正。

Tseng 等[91]将 CMP 去除过程类比为移动压头,并基于弹性力学和流体力学原理来描述作用在磨料颗粒上的应力,推导出了一种修正公式,它预测了材料去除率与载荷、相对速度的关系,即

$$MRR = kP^{5/6}v^{1/2} \tag{1.6}$$

式中:$v^{1/2}$ 项表明材料去除率对相对速度的依赖性要弱得多。较高的速度会使抛光液的离心力更大,在试件-抛光盘界面处的液体动压更大[92]。

考虑了抛光盘和试件的接触特性,Shi 等[93]对使用软抛光盘的化学机械抛光中的材料去除率模型做出了修正,即

$$MRR = kP^{2/3}v \tag{1.7}$$

因此,在很多实验条件下,化学机械抛光的材料去除率和载荷以及相对速度并不是线性相关的,公式 $MRR = kP^{\alpha}v^{\beta}$ 可以更好地描述实验现象。

一部分学者认为化学机械抛光的本质是磨粒磨损,并基于磨粒磨损机制,在 Preston 方程中引入了一些试件材料本身的物理力学参数,如弹性模量、硬度等,通过理论结合实验的方法,对 Preston 方程进行了进一步的优化。Brown 等[94]在抛光金属试件的过程中发现其材料去除率与金属的弹性模量相关。基于 Hertz 接触的假设,他们认为材料的去除与磨粒压入试件表面的深度正相关,而压入深度是和材料的弹性模量相关的量,因此他们提出了一个与试件弹性模量有关的材料去除率方程,即

$$MRR = \frac{1}{2E_w}Pv \tag{1.8}$$

式中:E_w 是试件的弹性模量,反映了材料本身的特性,用 $1/(2E_w)$ 替代了 Preston 方程中的系数 k,相比之下更加具体;P 和 v 是载荷和相对速度。

Liu 等[95]基于统计学和 Hertz 接触理论,建立了一个关于硅片化学机械抛光中的材料去除率的模型,它包含了更加丰富的输入信息,即

$$MRR = C_e \frac{H_w}{H_w + H_P} \frac{E_s + E_w}{E_s E_w} Pv \tag{1.9}$$

式中:C_e 是包含了其他影响因素的常数;H_w、H_P 分别是试件和抛光盘的硬度;E_s、E_w 分别是磨粒和试件的弹性模量。

虽然相比较最初始的 Preston 模型,上述模型将更多的输入变量列入考虑范围,对实验结果的预测和指导更有帮助,但它们依然都只涉及了部分 CMP 控制参数,主要是力学方面的参数。然而,对于化学机械抛光,化学作用对材料的去除至关重要,没有考虑化学作用的模型是不够精确的。Luo 和 Dornfeld[96]给出了考虑化学作用的材料去除率模型:

$$MRR = \rho_w NV_{removed} + C_0 \tag{1.10}$$

式中:ρ_w 为试件的密度;N 为活性粒子数;$V_{removed}$ 为单个粒子的材料去除率;C_0 为化学腐蚀引起的材料去除率。该模型既考虑了机械作用,又考虑了化学作用。在化学作用下试件表面会产生一层薄膜,薄膜相对基体材料较软,很容易在磨粒的机械作用下被除去。薄膜的生成和去除是一个动态过程的一部分。当生长速率和去除速率达到一定的平衡时,可以获得最佳的抛光效果[97-98]。

上述数学模型可以帮助预测试件在化学机械抛光中的材料去除,为通过控制抛光压力、抛光盘转速等输入变量来调节抛光过程提供依据,对合理选择工艺参数具有一定的指导作用。但是由于模型中涉及的都是 CMP 体系中的宏观信息,所以并不能有效地阐释其中的微观材料去除机制。

2. 利用原子力显微镜实验研究 CMP 材料去除机理

为了观察实验中微观层面的现象,高精度微观实验技术得到了发展。原子力显微镜(Atomic Force Microscopy,AFM)是一种常用的表面检测设备,近年来学者们还经常用它来做一些研究 CMP 机理的微观实验。基于 AFM 高达 $1 \times 10^{-9} \sim 1 \times 10^{-10}$ N 的分辨率,在探针的扫描过程中,被探针划过的试件表面与探针的相互作用以及其表面的微观磨损可以

被检测到。王春和安伟等[99-100]用 AFM 探针来模拟单个磨粒,对硅晶片表面进行划擦,并通过改变 AFM 中的参考点和扫描频率来改变载荷和速度,进而研究工艺参数对划擦过程中晶片表面的磨损量以及相互作用的影响。

AFM 实验过程中可以检测到化学机械抛光过程中微观物理作用及表面材料微观去除等,但不能提供化学反应的细节,因此在探索抛光中的微观去除机理(尤其是化学作用过程)方面有局限性。

3. 通过分子动力学方法研究 CMP 材料去除机理

计算机仿真技术是利用模型来模拟实际系统中发生的本质过程的方法。通过在系统模型上分析在实际系统中难以直接研究的问题,计算机仿真技术在指导加工过程、减少经费损失、探索加工机理等方面发挥了巨大作用。在众多的仿真方法中,分子动力学(MD)模拟可以通过其高时间和空间分辨率[101]帮助可视化材料去除的细节,已被证明是一种合适的研究原子级的材料去除机理的方法。分子动力学模拟方法是一种包含例如几何、速度和力等内在信息的综合物理模型,这些可以用来推导其他的参数,如能量、温度和应力。该技术不仅可以得到原子的运动轨迹,还可以观察到原子运动过程中各种微观细节,广泛应用于化学、物理和材料科学领域。

Chen 等[102-104]通过分子动力学模拟研究了大孔硅胶团簇去除硅衬底材料的机理,并分析了不同团簇孔径对去除的影响。研究发现,在冲击过程中,团簇与衬底之间的实际接触面积的增大对材料去除率有显著的增强作用。此外,他们发现随着 CMP 过程中抛光压力的增大,磨料与衬垫之间的接触状态由弹性接触转变为塑性接触。这些结果对优化 CMP 工艺参数以获得较低的表面粗糙度值和较高的材料去除率具有指导意义。为了阐明铜的 CMP 过程中材料去除的原子级机制,Kawaguchi 等[105]基于紧束缚分子动力学的方法,在 H_2O_2 水溶液中使用 SiO_2 磨料对其进行了 CMP 模拟。模拟结果表明,表面吸附的 O 原子入侵到铜基体的过程对于有效去除表面铜原子十分重要。基于分子动力学方法,翟文杰等[106]建立了金刚石磨粒划擦碳化硅表面的原子模型,分析了磨粒粒度、划擦深度和划擦速度对碳化硅表面形貌、晶体结构、摩擦力和材料去除率的影响,研究了立方碳化硅化学机械抛光过程中材料的原子级去除机理。仿真结果表明,在碳化硅表面形成的产物二氧化硅会显著降低切削力,同时由于其孔隙结构,机械划擦只能使其致密化,而不会形成磨损碎片。还有很多学者将分子动力学分析用于 CMP 的研究,并从磨料形状[107]、水膜厚度[108]等多角度探索了 CMP 中材料去除的影响因素和去除机理。

在化学机械抛光中,各种原子尺度的物理化学现象以及化学反应中间产物很难通过实验观察和检测到,只通过实验没有办法直观地展示具体的材料去除细节。本书采用分子动力学方法模拟了金刚石的化学机械抛光过程,通过跟踪系统中每一个原子或者分子的运动探索原子级的材料去除机理。

4. 通过成分检测辅助研究 CMP 材料去除机理

随着检测手段的进步和检测设备的革新,越来越多的成分检测方法被用于化学机械抛光的材料去除机理研究中。学者通过收集化学机械抛光后的抛光液废液,用紫外-分光光度法或者高效液相色谱法检测其成分,与原始抛光液进行对比,或采用能量分散光谱(Energy Dispersive Spectroscopy,EDS)、X 射线衍射(X - Ray Diffraction,XRD)和 X 射线光电子能谱(X - ray Photoelectron Spectroscopy,XPS)等方法对抛光前后试件表面成分的变化进行检测,进而对反应过程进行推测。

Mao 等[109]探讨钨钴硬质合金在 H_2O_2 基抛光液中的化学反应机理。利用 XRD 和 SEM/EDS 对 YG8 硬质合金腐蚀前后的表面相、元素和结构进行了表征,分析了化学机械抛光过程中碳化钨钴合金的化学机理。再结合 XPS 检测结果分析了化学反应过程中 YG8 硬质合金在表面形成的腐蚀产物,推测出了化学反应方程。徐静[110]在抛光 304 不锈钢和 H62 黄铜过程中,通过 EDS 能谱分析发现使用环保抛光液抛光不锈钢和铜后,试件表面的元素及成分均未发生变化。李方元[111]用 EDS 检测的方法,比较了经不同抛光液腐蚀后铌酸锂晶片的表面成分变化,进而优选出合适的抛光液。XPS 检测方法精度高,且能够得到反应产物的价态,是表征表面成分的有效方法,被用于研究碳化硅[112]、氧化镁[113]等材料的化学机械抛光。

考虑到金刚石化学性质十分稳定,极难发生化学反应,它在化学机械抛光中生成的表面氧化物的含量必然很低,因此本书选用了测量精度高的 XPS 检测方法来分析金刚石的表面成分,用来验证分子动力学模拟的结果,是对化学机械抛光机理研究的有力补充。

二、分子动力学模拟方法在金刚石抛光中的应用

很多学者已经用经典分子动力学的方法来模拟金刚石的抛光过程,研究了其中的微观物理学行为。Zong 等[114]基于 Tersoff 势模拟了金刚石的抛光过程,进一步进行了径向分布函数和配位数分析,揭示了金刚石机械抛光中材料去除率各向异性的原子来源。在机械作用的影响下,金刚石基体表面产生非晶层,包括非晶 sp^0、sp^1、sp^2 和 sp^3 杂化结构和有序的 sp^2 结构,其中 sp^2 和非晶 sp^3 占大部分。他们发现材料去除率在很大程度上取决于 sp^2 杂化与 sp^3 非晶结构的比例。在"难磨"方向,sp^3 向 sp^2 的相变较为困难,sp^2 与 sp^3 的比例较低,材料去除率较小。在"好磨"方向,从非晶 sp^3 到 sp^2 的相变更容易,sp^2 与 sp^3 的比例较高,材料去除率较大。Yang 等[115]模拟了单晶金刚石的机械抛光,比较了在 77 K 和 293 K 温度下的抛光过程,发现低温环境对金刚石抛光中材料去除有抑制作用,在室温下金刚石材料的去除速度比在低温下更快。郭晓光等[116]采用了几种不同材质的抛光盘对金刚石进行摩擦化学抛光实验,研究发现使用铁基抛光盘抛光金刚石时的材料去除率最大。同时,基于多体势函数(Mixed Element Atanistic Method,MEAM)势函数通过分子动力学模拟的方法分析了金属铁对金刚石的催化作用,结果表明加入铁后金刚石的石墨化温度由 1 500 K 降低到了 700 K。然而,经典的分子动力学模拟方法通常需要预先定义原子之间的连通性,并且简化了电子的作用,它不能够有效地描述化学键的形成和断裂,因此经典分子动力学方法多用来模拟机械行为,难以从根本上全面地解释 CMP 过程中的材料去除机制。

基于量子力学(Quantum Mechanics,QM)的第一性原理方法,能够较为精确地模拟原子和分子中的电子运动,可以描述体系中的化学行为。但是,精度提升的同时,第一性原理方法的计算量也大幅增加,限制了模拟的时间和空间尺度,通常只适合小体系短时间的模

拟,因此第一性原理方法在金刚石抛光机理方面的研究主要集中在局部摩擦状态的模拟。Peguiron 等[117]利用密度泛函理论(Density Functional Theory,DFT)研究了金刚石(110)表面(包含 96 个碳原子)与非晶硅或者二氧化硅滑动接触的稳定性,描述了金刚石和二氧化硅磨粒的机械和化学作用。二氧化硅/金刚石界面处的 C—C 键可以通过 Si 原子和 O 先导原子发生机械化学活化。然后,当施加额外的外部应变时,可以更加容易地破坏活化的键。而硅/金刚石界面形成的 C—Si 键较弱,无法对金刚石的 C—C 键产生破坏。Righi 等[118]采用第一性原理分子动力学分析了相对滑动的两个金刚石表面之间的摩擦力,并研究了界面之间的水对于摩擦的影响。结果表明,水的分解会促使金刚石表面发生钝化,从而减小附着力和界面摩擦。Wang 等[119]研究了 sp^2 杂化对类金刚石薄膜摩擦性能的影响,采用赝势平面波的方法对两个相对滑动的类金刚石薄膜的模型进行了第一性原理计算,并发现界面摩擦力随着 sp^2 C 含量的增加而逐渐减小。第一性原理方法对于考虑系统的全动态演化的模拟来说,往往计算量太大,不适合全面地描述化学机械抛光中的磨粒、抛光液和试件的相互作用,通常只考虑了磨粒和试件的之间的机械和化学作用,而没有考虑到抛光液的作用。

近年来学者们开发了一些化学反应力场,既描述了化学键,又不需要昂贵的 QM 计算成本,可以用于较大体系的模拟,弥合了经典分子动力学和第一性原理之间的鸿沟。Harrison 等[120]探讨了使用反应经验键序(Reactive Empirical Bond-Order,REBO)力场描述两个(111)金刚石表面滑动接触时发生的原子级摩擦化学反应和相关的磨损现象。预测了由化学吸附分子中氢原子的剪切引起的复杂自由基反应,观察到的化学机制包括表面的氢抽离、自由基重组、表面的瞬态黏附和界面碎片的形成。Pastewka 等使用第二代反应经验键序(REBO2)力场来模拟两个金刚石薄膜界面[69]以及两个类金刚石薄膜[121]界面的摩擦和磨损过程。模拟显示,在金刚石摩擦过程中,非晶层的生长速度强烈依赖于表面取向和滑动方向,这种各向异性源于单个晶体键的机械诱导离解,金刚石表面是通过机械手段进行化学活化的。Bernal 等[122]采用基于自适应反应经验键序(Adaptive Intermolecular Reaction Empirical Bond-Order,AIREBO)力场的 MD 模拟了由四面体无定形碳组成的纳米级单峰与单晶金刚石的接触,研究了二者接触区域发生黏附的原因。这几种化学反应力场都更适用于小烃分子、石墨和金刚石晶体碳或者碳氢体系,不适用于包含抛光液的体系。ReaxFF 力场[123-127]也是近年来迅速发展的反应力场,可以描述原子间的连接性,通过键序的表达来分析化学反应中的过渡态[128],同时适用于多种类型的体系。为了模拟金刚石化学机械抛光过程,并探索其中的化学反应机制和机械作用机制,本书是基于 ReaxFF 力场来进行分子动力学模拟的,第 2.1 节对该力场做了具体介绍。

1.5 本书的研究目的和主要研究内容

金刚石优异的物理化学性质使它在超精密加工以及光学、声学和微电子等领域都得到了应用并且前景广阔。同时,这些应用领域都对金刚石的表面质量提出了很高的要求。化学机械抛光是集成电路制造中最常用的抛光技术,在金刚石的抛光方面也很有潜力。然而,金刚石的高化学稳定性使它的化学机械抛光面临挑战。目前的金刚石 CMP 工艺为促进抛光中的氧化作用大都需要加热条件,导致抛光过程稳定性下降,难以保证加工精度和表面质量。而少量的关于常温抛光技术的研究中金刚石的材料去除率很低。因此,亟须寻找一种高能效的氧化剂,探索金刚石的常温高效 CMP 工艺新方法。

本书所有实验中使用的试样均为人造单晶金刚石。相比于(110)晶面和(111)晶面,金刚石的(100)晶面有一些优越的特性,在工业中应用更加广泛。例如,金刚石的(100)晶面微观破损强度最大,在切削过程中不容易发生微观崩刃[27],并且可以刃磨得极为锋利[129],最适合用于制作刀具的前、后刀面;(100)晶面取向生长的金刚石膜的缺陷杂质较少、内应力较小、热导率较高、载流子收集空间较大,在制作光学、热学和电子器件方面更有优势[130-132]。因此,目前针对金刚石化学机械抛光的研究主要集中在(100)晶面[133-137],本书的第 2~5 章的研究对象为(100)晶面金刚石。

本书通过分子动力学模拟研究了电负性极强的羟基自由基(·OH)与金刚石的作用机理,分析了这种羟基自由基对金刚石的氧化能力,以及将其用于金刚石常温 CMP 的可能性。在此基础上,提出了新型的金刚石常温 CMP 抛光液,探究了与之配套的金刚石常温 CMP 组合工艺方法并揭示了抛光中氧化作用和机械作用的微观机制。具体的研究内容从以下方面展开:

(1)·OH 环境下金刚石常温 CMP 可行性的 MD 分析。由于金刚石具有极其稳定的化学性质,所以选用适宜的高活性氧化剂是能否实现金刚石常温 CMP 关键。·OH 作为一种电负性极强的自由基,有潜力成为抛光中发挥氧化作用的有效成分。采用基于 ReaxFF 力场的分子动力学方法,模拟常温下·OH 环境中金刚石表面发生化学吸附和碳原子脱离基体的微观过程,分析 CMP 中碳原子的几种去除形式,探索·OH 环境下常温抛光金刚石的可行性以及·OH 的浓度对抛光效果的影响,为氧化剂的选择提供理论指导。

(2)金刚石常温 CMP 抛光液的研究。基于上述·OH 在金刚石常温 CMP 中的作用的研究结果,分别采用能够产生·OH 的双氧水和 Fenton 试剂作为氧化剂来抛光金刚石,并和金刚石抛光中其他几种常用的氧化剂做比较,优选出 Fenton 试剂作为氧化剂。此外,通过单因素实验,选择适于金刚石常温 CMP 的磨料,最终确定适合于金刚石常温 CMP 的抛光液。

(3)金刚石常温 CMP 的工艺研究。采用自行研制的 Fenton 抛光液,通过抛光工艺实验,研究抛光压力、抛光盘转速对金刚石试件表面粗糙度的影响规律,进而选出合理的抛光工艺参数。为了进一步改善金刚石的表面质量,将该工艺与基于硅溶胶抛光液的 CMP 工艺相结合,提出金刚石常温 CMP 组合工艺方法,并与文献中的抛光方法进行比较。

(4)基于 Fenton 抛光液的金刚石 CMP 中的机械作用和氧化作用。通过金刚石在 Fenton 试剂中的纯腐蚀实验和基于 Fenton 抛光液的 CMP 实验,研究磨粒的机械划擦作用对金刚石材料去除的影响;分别采用含 Fenton 试剂和不含 Fenton 试剂的抛光液进行金刚石抛光实验,研究 Fenton 试剂的氧化作用对金刚石材料去除的影响。在此基础上,通过基于 ReaxFF 力场的分子动力学模拟,揭示磨粒的机械划擦在金刚石常温 CMP 过程中的两个作用,从碳原子的电荷量和 C—C 键键级变化的角度,探索 Fenton 试剂通过氧化作用促进金刚石材料去除的内在原因。此外,采用 X 射线光电子能谱仪,检测抛光前后金刚石的表面成分,通过氧元素含量和含氧基团的变化进一步分析金刚石常温 CMP 中的氧化作用。

(5)Fenton 抛光液在金刚石不同晶面 CMP 中的抛光性能。使用 Fenton 抛光液分别对 (100)晶面、(110)晶面和(111)晶面的金刚石进行化学机械抛光,对比它们的材料去除率和抛光后的表面粗糙度。采用基于 ReaxFF 力场的分子动力学模拟方法研究(100)晶面、(110)晶面和(111)晶面的金刚石在 Fenton 试剂环境中的表面化学吸附和电荷变化情况,讨论不同的表面吸附结构对金刚石表面 C—C 键强度的影响,从而揭示金刚石 CMP 中材料去除率产生各向异性的原因。

第 2 章 ·OH 环境下金刚石常温 CMP 可行性的 MD 分析

　　金刚石是一种化学性质非常稳定的物质,它的化学机械抛光需要选用高活性的氧化剂。目前金刚石抛光中常用的高铁酸钾、高锰酸钾等氧化剂通常需要加热条件才能在金刚石的抛光中发挥作用,因此需要选择氧化能力更强的氧化剂来实现金刚石常温下的抛光。·OH 作为自然界中氧化性仅次于氟气的强氧化剂,是一种值得期待的氧化成分。因此,本章采用基于 ReaxFF 力场的分子动力学模拟方法,分析·OH 环境下进行金刚石常温 CMP 的可行性以及·OH 的浓度对金刚石常温 CMP 的影响,为氧化剂的选择提供理论指导。

　　因为基于 ReaxFF 力场的分子动力学方法是本书所有模拟研究的基础,所以本章首先介绍分子动力学的计算方法、基本原理以及 ReaxFF 反应力场的特点和优势。然后,采用该方法模拟常温下·OH 环境中金刚石表面发生化学吸附以及碳原子随着磨粒的滑动脱离基体的微观过程,探究·OH 环境中金刚石表面能否被氧化以及能否实现原子级的材料去除。最后,对比纯·OH 环境和·OH 水溶液环境下金刚石表面化学状态、碳原子电荷量的变化以及 CMP 过程中碳原子的去除,并结合电子顺磁共振(EPR)的检测结果,初步选择有可能适用于金刚石常温 CMP 的氧化剂。

2.1　分子动力学模拟方法

　　随着计算机技术的发展,模拟在科研等领域的应用越来越广泛,可以通过模拟来分析在实际系统中难以直接研究的问题,进而指导加工过程、减少经费损失和探索加工机理等。针对不同的时间或空间尺度的体系,可以选择不同的模拟方法,如适用于宏观尺度的有限元模拟方法、适用于原子尺度的分子动力学方法和适用于量子尺度的第一性原理计算方法。在众多的模拟方法中,有限元方法不能够表达微观细节,第一性原理方法则通常受限于计算量而适用于很小尺度的体系。分子动力学模拟自从 20 世纪 50 年代后期被 Alder 和 Wainwright[138-139] 提出以来就得到了蓬勃的发展,可以通过不断地改进力场来拓展它的应用范围。基于经典力场的分子动力学,即经典分子动力学方法,将电子和原子核看作一个整体,简化了计算,可以模拟大至几百万甚至上亿个原子的体系,但由于忽略了电荷的转移不能描述体系的化学反应,而化学反应力场可以在较大的尺度上同时模拟机械和化学行为,所以本书中所使用的 ReaxFF 力场就是一种化学反应力场。

一、分子动力学的基本原理和计算方法

分子动力学模拟是一种在一定的初始条件下(如温度、压力和外力等)用来模拟分子或者原子的运动过程的方法。它是基于牛顿力学来求解的,通过统计力学的方法来计算体系的各种热力学量以及分子或原子的运动轨迹。随着精密加工和微纳制造的发展,分子动力学模拟被更广泛地用于研究微观尺度下的特殊现象和规律,如对纳米切削[140]、表面沉积[141]、材料断裂[142]、纳米压痕[143-144]等过程的模拟。

MD 的基本运行原理是基于两个基本的假设[145]:一是计算中忽略掉量子效应,系统中所有的粒子的运动都符合牛顿运动定律;二是系统中各个粒子之间的相互作用是可以相互叠加。基于这两个假设,可以通过一系列的运动方程从某个初始状态开始计算出后续每个时刻每个粒子的运动信息,并对系统的整体结构和性质做出分析:

$$U_{ij} = f(\boldsymbol{r}_i, \boldsymbol{r}_j) \tag{2.1}$$

$$\boldsymbol{F}_i = \sum_{i<j} \left(-\frac{\partial U_{ij}}{\partial r_{ij}} \right) \tag{2.2}$$

$$\boldsymbol{a}_i = \frac{\overline{\boldsymbol{F}}_i}{m_i} \tag{2.3}$$

$$\boldsymbol{v}_i = \boldsymbol{v}_i^0 + \boldsymbol{a}_i t \tag{2.4}$$

$$\boldsymbol{r}_i = \boldsymbol{r}_i^0 + \boldsymbol{v}_i^0 t + \frac{1}{2} \boldsymbol{a}_i t^2 \tag{2.5}$$

式中:原子 i 和原子 j 的位置分别为 $\boldsymbol{r}_i$ 和 $\boldsymbol{r}_j$,它们之间的距离为 r_{ij},二者的相互作用势能为 U_{ij};第 i 个原子所受的力为 $\boldsymbol{F}_i$,它的质量、速度和加速度分别为 m_i、$\boldsymbol{v}_i$ 和 $\boldsymbol{a}_i$。

式(2.1)~式(2.5)描述了由 N 个原子构成的体系中的各个原子的运动。

根据原子 i 和原子 j 各自的初始位置,可以计算出它们的相对位置 $r_{ij} = |\boldsymbol{r}_i - \boldsymbol{r}_j|$,进而从它们的相对位置得到这两个原子相互作用的势能 U_{ij},如式(2.1)所示。描述原子间相互作用的分子力是保守力中的一种,服从力的值是势能函数的梯度的负数这一规律,因此可以从原子 i 和原子 j 之间的势能 U_{ij} 计算出作用力,将原子 i 受到的来自其他各个原子的作用力叠加得到原子 i 受到的合力 $\boldsymbol{F}_i$,如式(2.2)所示。根据牛顿第二定律,如式(2.3)所示,可以从已知的原子质量和上一步计算出的作用力得到原子 i 的加速度 $\boldsymbol{a}_i$。每个原子的初始位置和初始速度($\boldsymbol{r}_i^0$ 和 $\boldsymbol{v}_i^0$)都是已知的初始条件,可以根据式(2.4)和式(2.5)计算出每个原子经过时间 t 之后的位置和速度。为了保证系统的稳定性,通常取 $t = \Delta t$(Δt 是一个非常小的时间段,飞秒级),那么根据上面的 5 个公式可以计算出经过很短的时间后原子的运动信息。不断地重复上面的计算,可以得到各个原子在每个时刻的速度、加速度和位置等信息。也就是说,在知道初始条件后,通过分子动力学分析可以获取系统中每个原子的运动轨迹。

这种逐步计算每个微小时间段后的速度和位置的方法被称为速度 Verlet 算法。除此以外,计算运动方程常用的方法还有 Verlet 算法、蛙跳算法和预测矫正算法等[146]。Verlet 算法没有显式的速度项,需要计算出下一个时刻的位置才能得到当前时刻的速度,同时速

度和位置的计算精度不一致。在蛙跳算法中,原子位置的计算与其速度的计算是不同步的,因此在确定每个原子的位置时,不能够同时获取体系的动能等其他热力量的值,给模拟过程带来不便。预测矫正算法的精度最高,但是计算量非常大。相比于以上三种方法,速度 Verlet 算法不仅可以得到二阶精度,计算量较小,还能够同时计算当前时刻的速度和位置,进而获取当前时刻的温度和动能等热力学量,因此被用于大型原子/分子大规模并行模拟器(Large-scale Atomic/Molecular Massively Parallel Simulator,LAMMPS)[170]等很多分子动力学模拟的软件。

二、模拟中选用的力场——ReaxFF

一个力场通常由三个部分组成:分子力场函数(势函数)、力场参数以及原子类型。势函数,又被称为分子力场函数,是研究分子动力学的基石。它是一种计算体系势能的数学表达式,用于近似地描述体系中原子之间的相互作用。力场参数是通过实验拟合或者量子力学的计算获得的,是经验值[147]。参数的选择决定了分子动力学模拟的准确性,因此高质量的力场的开发需要大量的实验和计算来优化参数,开发成本高。但是,由于简化了电子的作用,所以采用经验力场的分子动力学模拟的计算量小、模拟速度快、计算成本低,可以用于包含几千个甚至上亿个原子的体系。现在常用的力场有多用于生物大分子和有机分子模拟的 AMBER[148]、CHARMM[149]、CVFF[150]和 OPLS-AA[151]以及基于原子性质开发的 UFF[152-153]、ESFF[154]等通用力场。这些力场可以很好地模拟各类有机分子、无机分子和生物大分子等多种物质的性质,并被应用在了传统加工过程的模拟上,如金属切削[155-156]和化学机械抛光中的机械作用[101, 157]。但是由于将原子看作一个整体,忽略了电荷的转移,所以它们不适用于模拟化学反应。而基于第一性原理方法的模拟又计算量过大,局限于小的时间、空间尺度的体系。因此,有学者在近年来开发了可以在较大的时间和空间尺度上同时模拟机械和化学作用的化学反应力场,如 REBO 力场[158]、REBO2 力场[159]、AIREBO 力场[160]、COMB 力场[161]和 ReaxFF 力场[127]。

ReaxFF 力场能够应用于元素周期表中的大多数的常见化学元素,同时由于它对元素的表达可以跨相转移,还能够模拟固、液、气三相界面的反应。例如,无论是气相的氧气中的氧原子还是液相的水中的氧原子,又或者是固相的金属氧化物中氧原子,都可用同样的数学形式来描述。ReaxFF 力场的可转移的特点,以及在较长时间尺度上的适用性(由于计算成本低),使它可以在模拟中除了分析各类物质的化学反应外,还可以用于研究体系中其他动态因素,如扩散率、溶解性等[128]。由于 ReaxFF 力场适用范围广,且能够在较大的时间、空间尺度上同时模拟机械和化学作用,所以本书选用了 ReaxFF 力场来模拟金刚石的化学机械抛光过程。

ReaxFF 力场是由学者 van Duin A. C. T. 等[127]开发的,区别于其他传统的非反应力场,它通过计算任意两个原子间的键级,结合可极化电荷,来确定当前时刻原子间的连接性,可以提供准确的成键、断键信息,这使得 ReaxFF 能够较为准确地模拟出各种材料的共价键作用和静电相互作用。

体系内部的相互作用分为键合相互作用和非键合相互作用两种主要类型。键合作用的能量主要由键能、键角能、扭转能和过配位能量补偿几部分组成,非键合作用的能量则主要由非键库仑能和范德华能组成,体系能量的表达式如下[128]:

$$E_{system} = E_{bond} + E_{angle} + E_{tors} + E_{over} + E_{vdWaals} + E_{Coulomb} + E_{specific} \tag{2.6}$$

式中:E_{bond} 是键能,描述了原子间成键的能量,是原子间距离的函数;E_{angle} 和 E_{tors} 分别为与三体角应变和四体扭转应变有关的键角能和扭转能;E_{over} 是由于原子过度配位而补偿的能量(例如,一个碳原子形成 4 个以上的键);$E_{Coulomb}$ 和 $E_{specific}$ 是和键序无关的两个能量,分别用于描述原子间的静电和色散作用,$E_{specific}$ 一般在描述体系的一些特殊性质(如孤对、共轭等)才会计算的能量。

通常来说,键级越高的化学键也越牢固,越不容易发生断裂。在反应模拟的过程中,随着化学键的断裂与生成,其原子的连接性列表也在不断更新[124]。ReaxFF 力场的核心是键级的表达,即[162]

$$\begin{aligned} BO_{ij} &= BO_{ij}^{\sigma} + BO_{ij}^{\pi} + BO_{ij}^{\pi\pi} \\ &= \exp\left[p_{bo1}\left(\frac{r_{ij}}{r_0^{\sigma}}\right)p_{bo2}\right] + \exp\left[p_{bo2}\left(\frac{r_{ij}}{r_0^{\pi}}\right)p_{bo4}\right] + \exp\left[p_{bo5}\left(\frac{r_{ij}}{r_0^{\pi\pi}}\right)p_{bo6}\right] \end{aligned} \tag{2.7}$$

式中:BO_{ij} 为原子 i 和原子 j 之间的键级,它由 σ 键键级 BO_{ij}^{σ}、π 键键级 BO_{ij}^{π} 和双 π 键键级 $BO_{ij}^{\pi\pi}$ 三部分组成;p_{bo} 是经验参数(与化学键的类型相关);r_{ij} 是 i 原子和 j 原子之间的距离;r_0 是对应的化学键的优化长度值(平衡键长)。

目前,ReaxFF 力场已经成功应用于一些反应动力学模拟的研究中,包括燃烧[124, 163]、催化[164]、燃料电池[165] 和纳米压痕[166] 等。此外,它在一些摩擦化学和化学机械抛光过程中也得到了应用。Wen 等[167] 研究了水环境下的硅/二氧化硅界面摩擦化学磨损的原子级机理,并提出了两种硅原子的去除方式。Guo 等[168] 基于 ReaxFF 反力场描述了二氧化硅磨粒在 H_2O_2 溶液中划擦 Cu(100) 表面的过程,阐明了铜的化学机械抛光的原子级去除机理。结果表明,基体表面上主要生成了 Cu—H_2O、OH—Cu—OH、Cu—OH—Cu、Cu—OH—H_2O、O—Cu—OH 等,其中 Cu—H_2O 的数量最多。在机械滑动作用下,铜原子主要通过 Cu—Cu 键和 Cu—O 键的断裂在 Cu 衬底上以团簇的形式被去除。此外,研究发现,当抛光压力增大时,磨粒与基体间的摩擦力越大,去除的 Cu 原子数量越多。本书选用 Fe/O/C/H/Cl 这种 ReaxFF 力场[123] 来描述金刚石抛光中 C、H 和 O 原子的相互作用。

2.2 ·OH 环境下金刚石常温 CMP 的分子动力学模拟

为了研究·OH 环境下对金刚石常温抛光的可行性,本节从两方面展开模拟。首先,模拟在没有磨粒的情况下·OH 对金刚石基体的静态腐蚀,分析·OH 对金刚石表面的化学状态的改变。其次,模拟·OH 环境下金刚石的 CMP 过程,分析抛光中的材料去除情况。如本书第 1.4 节所述,金刚石的(100)晶面在工业中应用更加广泛,目前金刚石 CMP 技术的研究多集中在(100)晶面。因此,本章研究中以(100)晶面金刚石为研究对象,进行建模和模拟分析。

一、·OH 与金刚石基体表面的相互作用

分子动力学模拟研究一般包含四个步骤：①建模（建立包含 N 个原子的体系）；②求解牛顿方程直至体系平衡；③计算相关性质；④对计算结果进行后处理。其中，建模中使用的软件是 MS(Materials Studio)[169]，该软件可以建立分子、晶体、高聚物等各类物质的三维模型。模拟计算中使用的软件是由美国的国家实验室 Sandia 开发和发布的大型原子/分子大规模并行模拟器（Large-scale Atomic/Molecular Massively Parallel Simulator，LAMMPS)[170]。LAMMPS 是一个开源的软件，使用者可以根据需求来修改或者扩展代码，可以模拟从金属到聚合物到生物分子等各类物质组成的体系，从小至几个粒子到大至百万上亿粒子组成的体系。模型的可视化和对数据的后处理则采用的是由德国学者 Alexander Stukowski 开发的软件 OVITO(Open Visualization Tool)[171]，它可以把 LAMMPS 计算出的代码文件转化为图片或者动画显示，十分方便和直观。同时，在 OVITO 软件中可以分析"单粒子属性"，如原子的电荷、位置、速度、应力等。

本书采用基于 ReaxFF 力场的分子动力学方法模拟·OH 对金刚石(100)表面的静态腐蚀。为了排除其他物质的干扰，本节构建的体系为金刚石基体和·OH，不包含水或者其他溶剂。首先通过 MS 软件建立一个包含 1 536 个碳原子的理想金刚石晶体，然后利用 LAMMPS 软件对理想模型进行驰豫，从而获得金刚石基体的模型。驰豫中采用 Berendsen 热浴法[172]对体系进行控温。为了考察金刚石常温下化学反应和化学机械抛光，本书的模拟中把温度都设为 300 K。驰豫过程中金刚石的势能逐渐减小，75 ps 后达到平衡状态，如图 2.1(a)所示。通过驰豫，金刚石表面的碳原子发生了重新排列，获得了更接近真实情况的表面，如图 2.2 所示，金刚石(100)表面上的一些不饱和碳原子与周围的碳原子结合形成新的 C—C 键，使得单个碳原子的悬空键数由两个减少到一个，如碳原子 C^C 和 C^D（为了区分相同元素的不同原子，在元素符号的右上角标记上不同的字母或数字），而 C^A 和 C^B 等另一些碳原子，仍然基本保持在原来的位置上，重排后的基体表面上的碳原子可分为两种类型，一种含有两个悬空键，另一种含有一个悬空键。将驰豫后的金刚石基体和 150 个羟基自由基进行结合得到最终的模型，如图 2.3 所示。

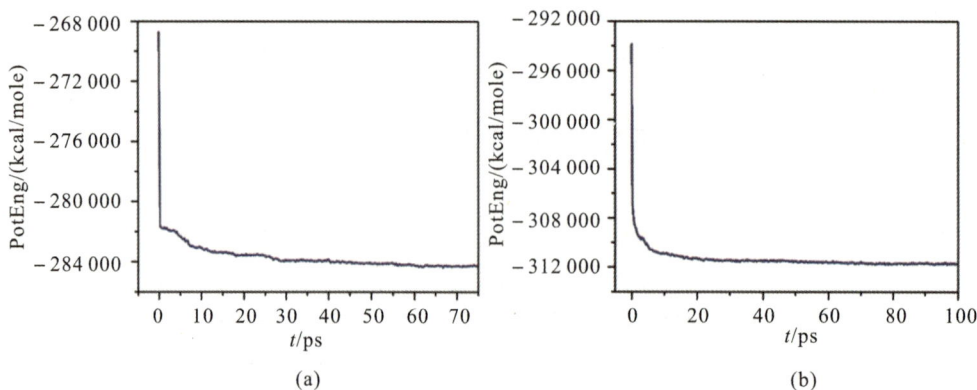

图 2.1　系统势能的变化
(a)在驰豫过程中；　(b)在化学吸附过程中

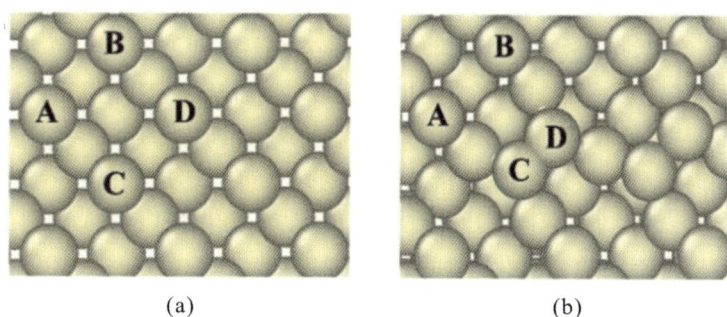

(a)　　　　　　　　(b)

图 2.2　驰豫后金刚石表面碳原子重排

(a)初始状态；　(b)驰豫后

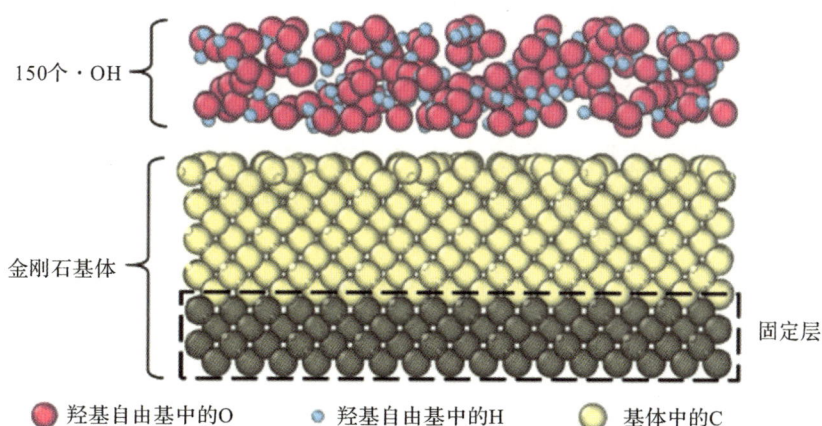

150个·OH

金刚石基体

固定层

● 羟基自由基中的O　　● 羟基自由基中的H　　● 基体中的C

图 2.3　模拟·OH 静态腐蚀金刚石基体的模型

将模型的 x 和 y 方向均设置为周期性边界条件,计算原子间作用力的时候采取的是最近镜像方法,从而消除了边界效应[173]。本节的模拟关注的是金刚石基体表面和·OH 的相互作用,模型的 z 方向无需周期性,设置为固定边界条件,同时在 z 方向的最上方和最下方设置反射面,以避免·OH 和金刚石基体下表面发生反应。将基体下面的几层(512 个碳原子)设置为固定层,在整个模拟过程中保持固定,用来保持晶体的对称性并支撑整个体系[174]。模拟在 NVT 系综(粒子数 N、体积 V 和温度 T 恒定,又称正则系综)进行,采用 Berendsen 热浴法控制体系温度为 300 K,控温系数为 25 fs,采用速度 Verlet 算法进行积分计算,时间步长为 0.25 fs。

金刚石(100)表面和·OH 相互作用 100 ps 后,系统的势能达到平衡状态,如图 2.1(b)所示,表明·OH 与金刚石表面已经充分相互作用。相互作用后的金刚石基体表面形成了 $C=O$,$C-H$ 和 $C-OH$ 键,如图 2.4(a)所示,图中原子类型与颜色之间的对应关系和图 2.3 相同。但是,碳原子没有从基体表面脱离,说明通过化学作用还难以使金刚石中"牢固"的碳碳键断裂生成 CO 或者 CO_2。同时,金刚石和·OH 相互作用后只在最上层发生了化学吸附,外来原子没有出现在金刚石基体的亚表层或者更下层,如图 2.4(b)所示,也就是说金刚石在·OH 的氧化作用下无法形成一定厚度的反应层,这不同于铜、硅等其他材料。铜的化学性质活泼,将铜试件放在双氧水溶液中进行静态腐蚀,300 s 内其表面就形成了约 30 nm 的软质反应层[175]。从 MD 模拟中也发现,H_2O_2 和铜相互作用后,O 原子可以在铜基体中移动,而不是只能存在于表层[176]。硅在抛光液的氧化作用下一般可以生成几纳米的软质层[177],同时有研究发现吸附在 Si 表面上的羟基可以解离并使 Si—Si 键断裂而形成 Si—O—Si 键[178]。碳化硅化学性质比较稳定,但是在强氧化剂 Fenton 试剂的腐蚀下,其表面仍然可以形成质地疏松的二氧化硅腐蚀氧化层,厚度为 4～6 nm[179-180]。而金刚石的化学性质十分稳定,单一的氧化作用无法破坏 C—C 键,氧原子不能移动到基体的下层,从而无法生成一定厚度的软质反应层,而是表层发生化学吸附。

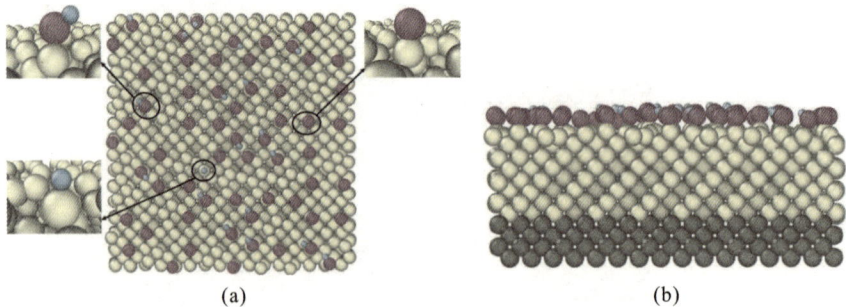

图 2.4　金刚石基体表面的化学吸附
(a)俯视图；　(b)侧视图

二、·OH 环境下金刚石 CMP 的材料去除过程

在 CMP 模拟中,将图 2.4 中发生化学吸附的金刚石基体模型与 150 个·OH 以及金刚石磨粒相结合,得到·OH($1 \text{ Å} = 10^{-10} \text{ m}$)环境下磨粒和金刚石基体作用的模型。整个模型呈"三明治"结构,尺寸为 $28 \times 28 \times 22 \text{ Å}^3$,如图 2.5 所示。模型在 x 和 y 方向上为周期性边界条件,在 z 方向为固定边界条件。将金刚石基体的下层(512 个碳原子)设定为固定层,在模拟过程中保持固定不动。将磨粒的上层(512 个碳原子)设定为刚性移动层,在模拟中可以发生整体的移动,但是其中各原子的相对位置和速度都不保持变,不参与化学反应。该模型的作用过程包含三个步骤:①磨粒沿 z 轴方向以 100 m/s 的速度向金刚石基体移动,压缩·OH 直至载荷达到 3 GPa;②磨粒沿基体表面的 x 轴正方向以 50 m/s 的速度滑动,持续 200 ps;③磨料以 100 m/s 的速度离开基体表面。在步骤②中,磨粒在一定载荷下和金刚石基体发生了相对运动,·OH 位于基体和磨粒之间并和两者都发生相互作用,这样就模拟了·OH 环境下金刚石的 CMP 过程。该过程在 NVT 系综下进行,采用 Nosé-Hoover 热浴法控制体系温度为 300 K 以模拟常温环境,时间步长为 0.25 fs。为了节约计算成本,模拟中的一些参数(如压力、转速等)的数值往往远大于实际加工过程[117, 167],以便在短时间内观察到体系的变化(如化学反应、材料去除等),缩短模拟时间,目前 ReaxFF 分子动力学模拟中通常模拟时间为几十到几百皮秒[181-182]。因为在 CMP 过程中,磨粒会随着抛光液的滴加而不断地补充,所以在模拟中没有计算磨粒的损耗情况。

图 2.6 为磨粒滑动和分离后的金刚石基体和磨粒的模型。最初存在于金刚石基体表面上的一些碳原子在 CMP 模拟后出现在了磨粒表面上，如图 2.6(a)所示，另外一些来自基体表面的碳原子以 CO 和 CO_2 的形式被去除，如图 2.6(b)所示，图中原子类型与颜色之间的对应关系和图 2.5 相同。CO 或 CO_2 分子中的氧原子来自吸附后的金刚石基体和羟基自由基，证明在 CMP 模拟中吸附在基体表面上的氧原子和来自新添加的羟基自由基中的氧原子参与了碳的氧化反应。CO 和 CO_2 的形成表明氧原子在碳原子的去除过程中是至关重要的。为了进行比较，计算了加载前、加载后和滑动后金刚石基体上氧原子的分布，如图 2.7 所示。图中的横坐标代表了到金刚石基体第一层碳原子的 z 方向的距离。金刚石基体上的氧原子数目在加载后增加，表明压力可以促进化学吸附。滑动后在 -1 Å 处出现了氧原子，说明在机械载荷和滑动作用下，少量氧原子扩散到了金刚石基体的第二层。在 -2 Å及以下位置没有氧原子出现，这意味着 O 原子没有扩散得更深。此外，氧原子也出现在2 Å 和 3 Å 处，这是因为机械滑动效应拉升了基体表面的一些碳元素[117]，从而使与之结合的 O 原子相应升高。

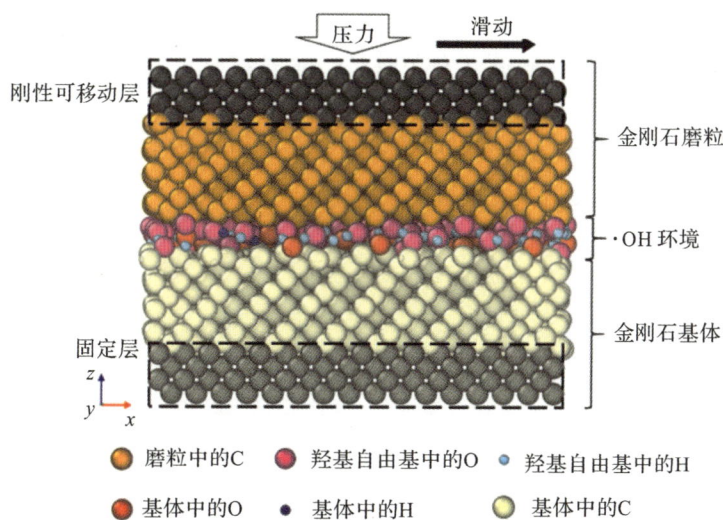

图 2.5　金刚石在·OH 环境下的 CMP 过程的分子动力学模拟模型

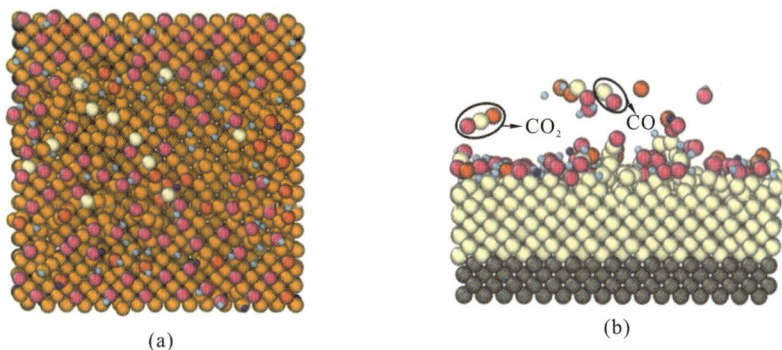

图 2.6　CMP 模拟之后的模型

(a)磨粒的结构；　(b)金刚石基体的结构

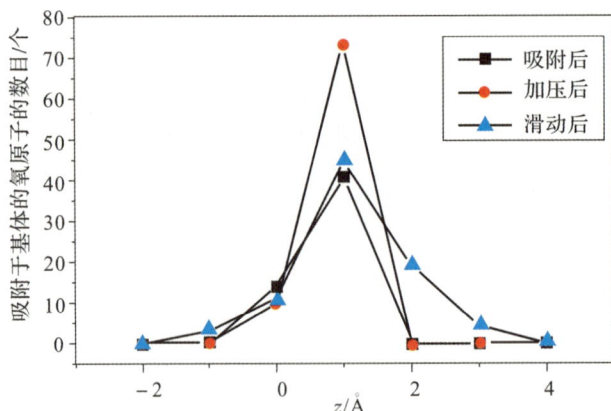

图 2.7　金刚石基体上氧原子数量沿 z 方向的分布

　　为了获取 CMP 模拟中金刚石基体表面碳原子的去除路径,本书跟踪了磨粒滑动过程中原子之间的成键和断键过程。

　　为了跟踪金刚石 CMP 模拟中以 CO 形式去除的碳原子,用红色标记要去除的原子(C^0),用黑色标记连接到 C^0 原子的碳原子(C^1 和 C^2),相关的氧原子和氢原子用绿色和黄色标记,其余原子类型与颜色之间的对应关系和图 2.5 相同,如图 2.8 所示。

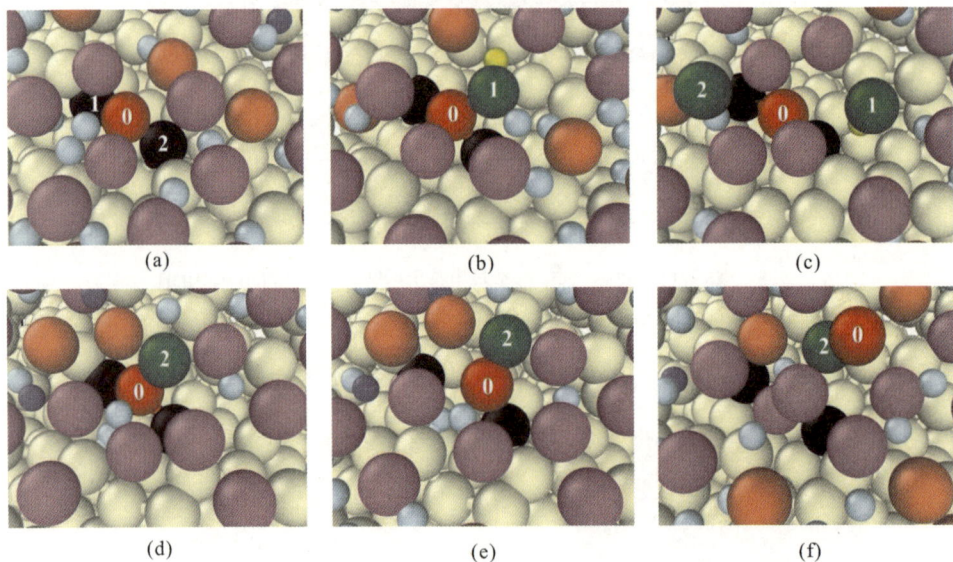

图 2.8　原子 C^0 的去除过程模拟

(a)5 ps；　(b)28 ps；　(c)34 ps；　(d)42 ps；　(e)43 ps；　(f)51 ps

　　最初,C^0 原子与 C^1 和 C^2 原子连接,并且它具有两个悬空键。C^0 原子处于不饱和状态,有吸附其他原子或基团的倾向。当 O^1H 基团接近 C^0 原子时,O^1H 与 C^0 结合形成 C^0—O^1H 键(28 ps)。机械滑动效应导致 C^1—C^0—O^1H 键和 C^2—C^0—O^1H 键的伸长。随着时间的推移,C^0—O^1H 键断裂(34 ps)。C^0 原子没有从基体表面脱离,但 C^1—C^0 键和

C^2—C^0 键被拉伸,C^1—C^0 键的键长从 1.41 Å 增加到 1.61 Å,C^2—C^0 键的键长从 1.54 Å 变为 1.56 Å。在 42 ps 时,O^2 原子与 C^0 原子结合形成 C^0=O^2 键。机械滑动使 C^1—C^0= O^2 键和 C^2—C^0=O^2 键被拉伸,在 43 ps 和 51 ps 时,C^1—C^0 键和 C^2—C^0 键先后断裂,C^0 原子最终以 CO 的形式被除去。

为了跟踪金刚石 CMP 中被磨粒黏附以生成碳链的形式被去除的碳原子,用红色标记要去除的原子(C^3),用黑色标记连接到原子 C^3 上的碳原子(C^4,C^5 和 C^6),用深橙色标记来自磨料的碳原子(C^7),相关氧原子(O^3)用绿色标记,其余原子类型与颜色之间的对应关系和图 2.5 相同,如图 2.9 所示。C^3 原子通过弛豫与 C^6 原子发生结合,并且具有一个悬空键。在金刚石 CMP 模拟开始时,C^3 原子与来自基体的三个碳原子(C^4,C^5 和 C^6)共价相连。随着 O^3 原子逐渐接近 C^3 原子,形成了 C^3=O^3 键(93 ps)。由于 C^3=O^3 键的生成和机械滑动的作用,C^3—C^4 键的键长从 1.41 Å 延伸到 1.69 Å,这为随后 C^3—C^4 键的断裂提供了有利条件。在 112 ps 时,原子 O^3 在机械剪切作用下与基体表面分离,同时来自磨料的 C^7 原子与来自基体的 C^3 原子结合形成 C^3—C^7 键。在机械滑动效应下,C^3—C^4 键(116 ps)和 C^3—C^5 键(122 ps)先后发生断裂,C^6、C^3 和 C^7 原子形成碳链 C^6—C^3—C^7。在 124 ps 时,C^6 与下面的碳原子之间的 C—C 键断裂,C^3 原子和 C^6 原子以碳链 C^6—C^3—C^7 的形式被除去并附着在磨粒上。正是由于这种黏附去除的方式,使得最初存在于金刚石基体表面上的一些碳原子在 CMP 模拟结束时出现在了磨料的表面,如图 2.5(b)所示。

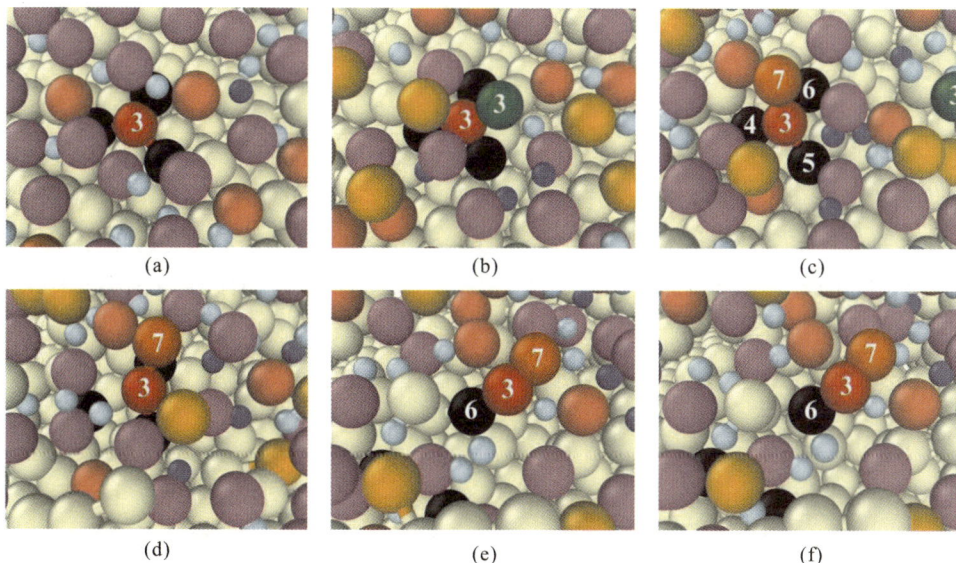

图 2.9　原子 C^3 的去除过程模拟

(a)14 ps；　(b)93 ps；　(c)112 ps；　(d)116 ps；　(e)122 ps；　(f)124 ps

为了跟踪金刚石 CMP 模拟中以 CO_2 形式去除的碳原子,用红色标记要去除的原子(C^8),用黑色标记其他相关碳原子(C^9 和 C^{10}),相关的氧原子用绿色标记,其余原子类型与颜色之间的对应关系和图 2.5 相同,如图 2.10 所示。初始时,原子 C^8 与下方的原子 C^{10} 以共价键相连接,同时和 O^5、C^9 共同构成了 C^9—O^5—C^8(C—O—C 结构的形成过程将在本书的第 5.1 节中讲述）。机械滑动产生的剪切力导致 $O^4\!=\!C^8\!-\!O^5\!-\!C^9$ 和 $O^4\!=\!C^8\!-\!C^{10}$ 均被拉伸。随着时间的推移，$O^5\!-\!C^9$ 的键长由 74 ps 时的 1.49 Å 增大到 76 ps 时的 1.58 Å，并在 77 ps 时发生断裂。随后，$C^8\!-\!C^{10}$ 不断被拉伸并在 90 ps 时断裂，O^4 原子、C^8 原子和 O^5 原子整体脱离金刚石基体，C^8 原子以 CO_2 的形式被除去。

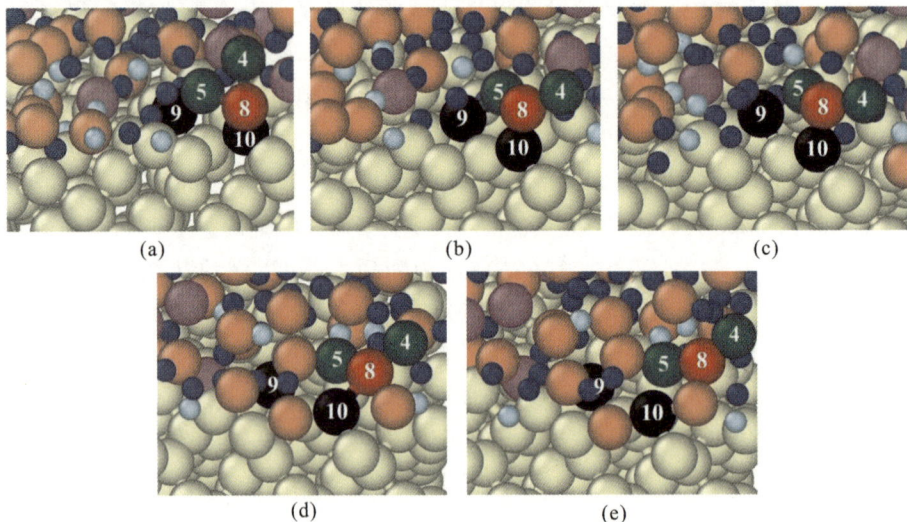

图 2.10　原子 C^8 的去除过程模拟

(a)74 ps；　(b) 76 ps；　(c)77 ps；　(d)88 ps；　(e)90 ps

　　从上述金刚石表面化学状态的变化以及碳原子的去除形式这些模拟结果，总结出在 ·OH 环境中的金刚石 CMP 材料去除的微观过程为：在 ·OH 环境下金刚石基体发生了化学吸附，在表面形成了 $C\!=\!O$、$C\!-\!OH$ 等结构；磨粒划擦过程中剪切金刚石基体表面的碳元子，使 $-C\!=\!O$、$-O\!-\!C\!=\!O$ 或者 $-C\!-\!C$ 从基体中拔出，碳元子最终以 CO、CO_2 或黏附于磨粒的方式被去除。该过程可以用图 2.11 表示。可以看出，·OH 环境下的金刚石常温 CMP 的材料去除机理与传统的铜、硅、碳化硅等其他材料 CMP 中的材料去除机理（先通过化学作用形成软质反应层再借助磨粒机械作用加以去除）有很大区别。

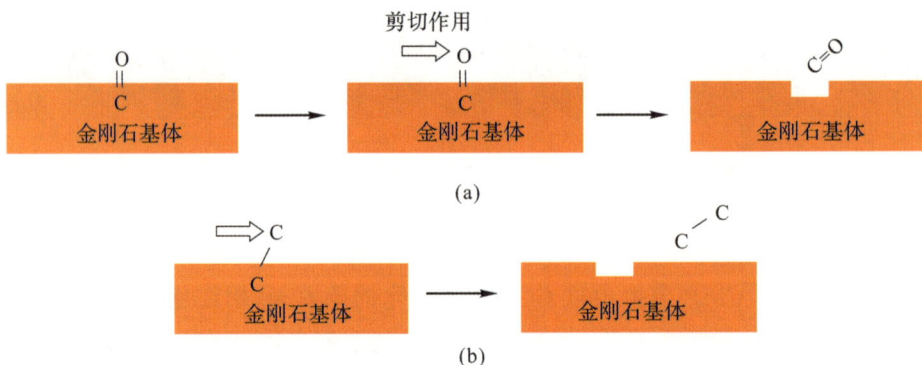

图 2.11　金刚石常温化学机械抛光的材料去除过程的示意图

(a)碳原子以 CO 的形式脱离金刚石表面；　(b)碳原子黏附于磨粒脱离金刚石表面

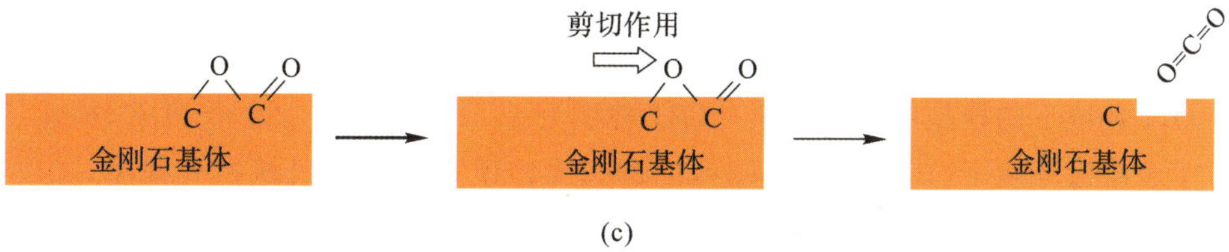

续图 2.11　金刚石常温化学机械抛光的材料去除过程的示意图
(c)碳原子以 CO_2 的形式脱离金刚石表面

　　通过跟踪金刚石基体的第一层和第二层的碳原子来研究去除的原子层的厚度。图 2.12 显示了滑动前后第一层和第二层的碳原子状态,其中第一层的碳原子用浅紫色标记,第二层的碳原子用深紫色标记。去除的碳原子主要来自金刚石基体的第一层,而极少量的碳原子来自第二层,而较低层的原子保持在原始位置,不会被移除,没有发生整块脱落的现象。这表明,在·OH 环境下对金刚石抛光的过程中,碳原子的去除会优先发生在上层,可以通过逐步的高点去除来实现原子级的加工,在理论上是一种可以获得亚纳米级超光滑金刚石表面的方法。

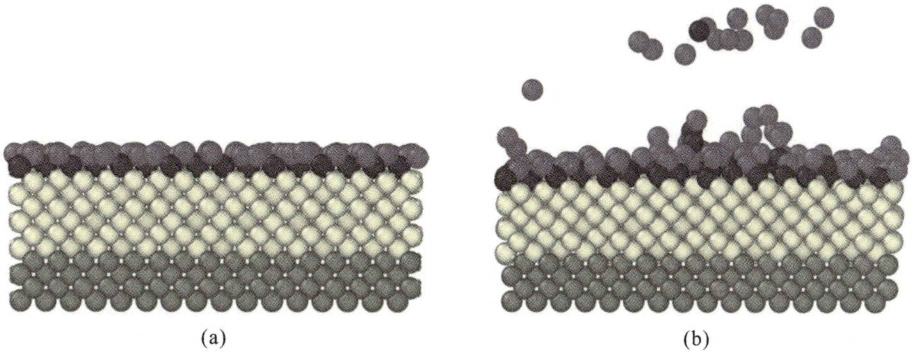

图 2.12　金刚石基体第一层和第二层碳原子的状态
(a)滑动前；　(b)滑动后

2.3　·OH 的浓度对金刚石 CMP 的影响

　　本书 2.2 节模拟研究在·OH 环境下常温抛光金刚石的可行性时,为了排除其他物质的干扰,构建的模型仅包含金刚石基体和·OH。而在实际的抛光过程中,抛光液中除了·OH,必然还含有溶剂。金刚石的 CMP 中通常使用的是水基抛光液,为了研究抛光液中·OH 的浓度对金刚石 CMP 的影响,本节模拟不同浓度·OH 水溶液环境下的金刚石静态腐蚀和常温 CMP 的过程,并与纯·OH 环境下的模拟结果进行对比。

一、·OH 水溶液环境下金刚石常温 CMP 的分子动力学模拟

　　本节中通过改变模型中同时与金刚石基体作用的·OH 个数的方法,研究了抛光液中·OH 的浓度对金刚石 CMP 的影响。将本书 2.2 节纯·OH 环境下的模型中的 150 个

·OH(见图 2.3 和图 2.5),替换为 75 个·OH 和 75 个 H_2O,构建了高浓度·OH 水溶液环境下(100)晶面金刚石的静态腐蚀模型和化学机械抛光模型,如图 2.13 所示;将本书 2.2 节纯·OH 环境下的模型中的 150 个·OH 替换为 25 个·OH 和 125 个 H_2O,构建了低浓度·OH 水溶液环境下(100)晶面金刚石的静态腐蚀模型和化学机械抛光模型,如图 2.14 所示。为了便于对上述三种环境(纯·OH、高浓度·OH 水溶液和低浓度·OH 水溶液)下的模拟结果进行对比,两种浓度的·OH 水溶液环境下的模拟中的各项参数与 2.2 节中纯·OH 环境下模拟时完全一致,静态腐蚀过程和 CMP 过程的模拟时间也分别为 100 ps 和 200 ps。在此基础上,根据模拟计算结果,分析了同时作用的·OH 的个数(即·OH 浓度)对腐蚀后的金刚石表面化学状态、碳原子电荷量的变化以及 CMP 过程中碳原子的去除等的影响。

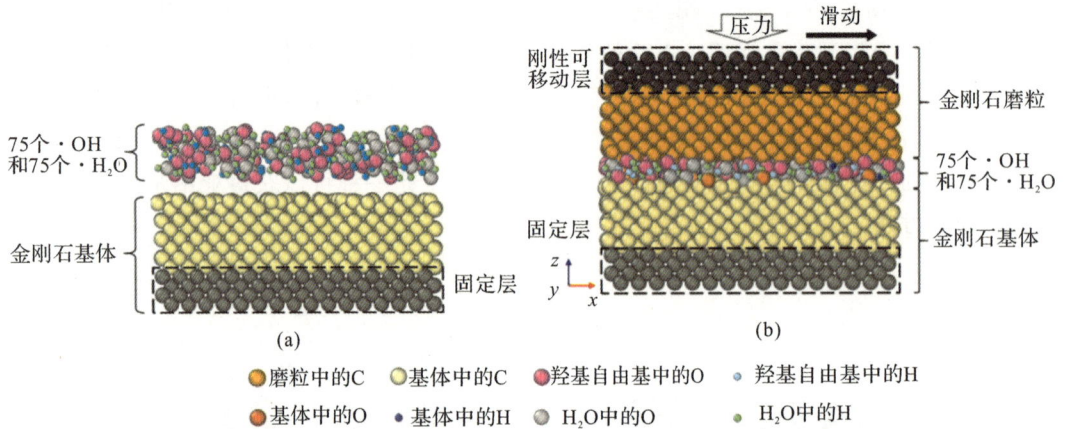

图 2.13　金刚石在高浓度·OH 水溶液环境下的分子动力学模拟模型
(a)腐蚀模型；　(b)CMP 模型

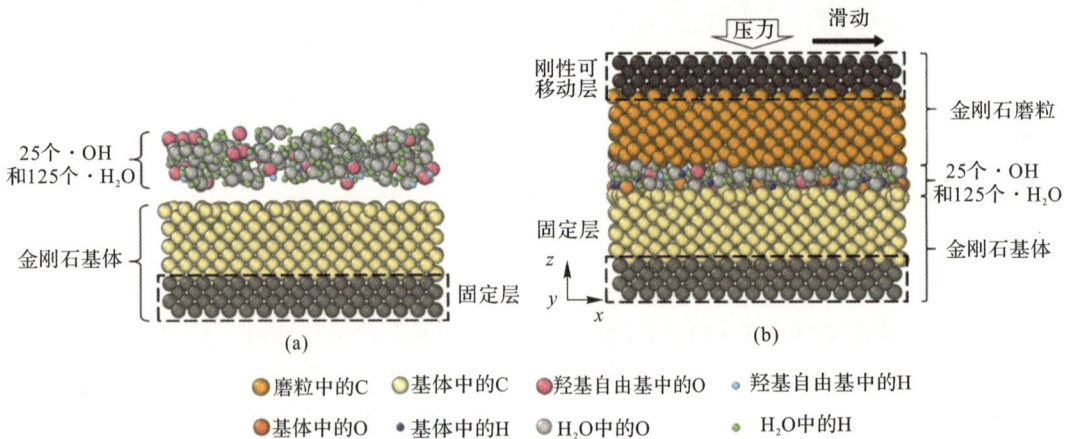

图 2.14　金刚石在低浓度·OH 水溶液环境下的分子动力学模拟模型
(a)腐蚀模型；　(b)CMP 模型

经·OH 水溶液腐蚀后,金刚石基体表面发生化学吸附并形成了 C＝O、C—H 和 C—OH 结构,如图 2.15(a)(b)所示。统计了纯·OH、高浓度·OH 水溶液或低浓度·OH 水溶液腐蚀后的金刚石基体表面形成的各类化学结构的数目,如图 2.16 所示。在纯·OH 和高浓度·OH 水溶液环境下,金刚石表面吸附的 H 原子都极少,仅各自形成了 1 个 C—H 结构,而低浓度·OH 水溶液环境下的金刚石表面吸附了 9 个 H 原子。在纯·OH 环境下,金刚石基体表面形成的 C═O 结构远多于·OH 水溶液环境下,且随着·OH 浓度的降低 C═O 结构的数目显著减少。在·OH 水溶液环境下,金刚石基体表面形成的 C—OH 结构则更多。总体上看,在纯·OH 环境下金刚石基体表面吸附的基团的总数目多于·OH 水溶液环境下。

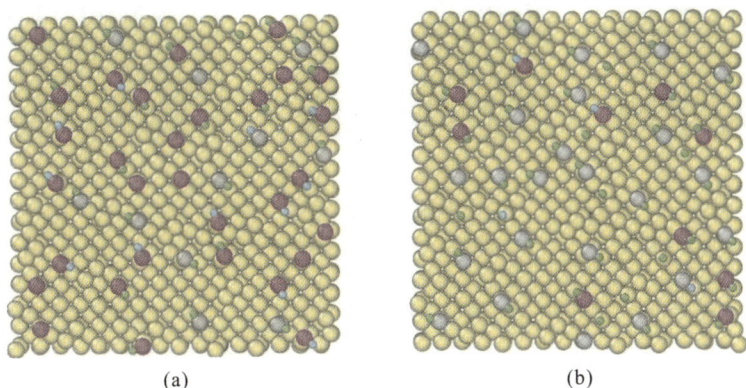

(a)   (b)

图 2.15   金刚石在·OH 水溶液环境下的化学吸附

(a)高浓度·OH 水溶液环境下的化学吸附;   (b)低浓度·OH 水溶液环境下的化学吸附

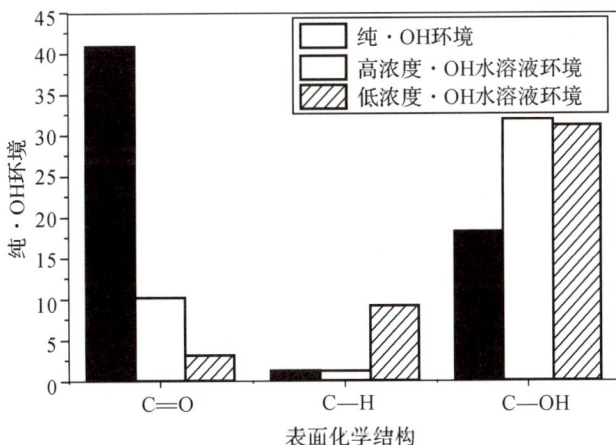

图 2.16   三种环境下金刚石表面吸附的各类基团的数目

图 2.17 为金刚石基体与纯·OH、高浓度·OH 水溶液或低浓度·OH 水溶液相互作用后的表面碳原子的电荷分布。相互作用前,金刚石基体表面碳原子的初始电荷在 −0.05 和 0.05 之间,接近电中性。和三种溶液相互作用后,金刚石表面碳原子的电荷都发生了转移。C═O 和 C—OH 结构中的碳元子电荷量变大,而 C—H 结构中的碳元子电荷量变小。与纯·OH 相互作用后,金刚石基体表面大量的碳原子被氧化,电荷量明显变大,如图 2.17 (a)所示。与高浓度·OH 水溶液相互作用后,金刚石基体表面被氧化的碳原子数目则相对较少,如图 2.17(b)所示。与低浓度·OH 水溶液相互作用后,金刚石基体表面被氧化的碳

原子数目最少,如图 2.17(c)所示。模拟结果表明,纯·OH 腐蚀后的金刚石基体表面的氧化程度最高而低浓度·OH 水溶液腐蚀后的金刚石基体表面的氧化程度最低,这说明了·OH 的浓度越大氧化能力越强。

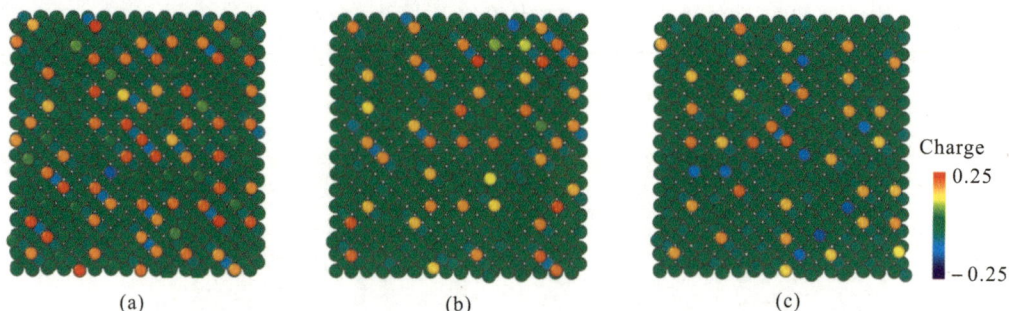

图 2.17　金刚石基体表面的碳原子的电荷分布
(a)纯·OH 环境；　(b)高浓度·OH 水溶液环境；　(c)高浓度·OH 水溶液环境

在模拟中,碳原子的移动距离和它的去除是直接相关的,可以根据公式 $d = \sqrt{(x-x_0)^2 + (y-y_0)^2 + (z-z_0)^2}$ 来计算碳元子在 CMP 过程中的移动距离。(x_0, y_0, z_0) 是磨粒开始滑动时碳元子的初始坐标,(x, y, z) 是碳元子的实时坐标。金刚石的径向分布函数(Radial Distribution Function,RDF)的第一个峰值后的第一个峰谷的横坐标是 2 Å,如图 2.18(a)所示,因此金刚石中 C—C 键的最大键长约为 2 Å,当碳原子的移动距离 $d > 2$ Å 时,就可以大致认为 C—C 键被打破[183]。金刚石基体表面移动距离大于 2 Å 的碳原子数目越多,最终被去除的 C 原子数目就相应的越多,两者呈正相关关系。通过统计各个时间点 $d > 2$ Å 的碳原子的数目,来描述碳原子的去除随时间变化的规律。在 CMP 过程中,随着磨粒划擦时间的增加,$d > 2$ Å 的碳原子数目逐步增多,如图 2.18(b)所示。在低浓度·OH 水溶液环境下抛光金刚石的过程中 $d > 2$ Å 的碳原子数目是最少的,并且相比·OH 水溶液环境,纯·OH 环境下 $d > 2$ Å 的碳原子数目更多,这表明·OH 浓度的增大有利于金刚石 CMP 中的材料去除。

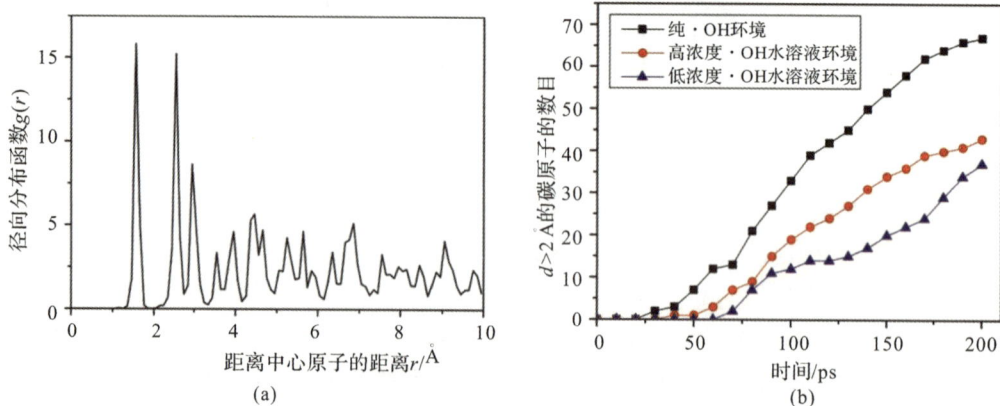

图 2.18　金刚石的径向分布函数和 $d > 2$ Å 的碳原子数目
(a)金刚石的径向分布函数；　(b)$d > 2$ Å 的碳原子数目

二、金刚石常温 CMP 用氧化剂的初步选择

由本书 2.2 节的模拟结果可知,在常温下利用·OH 抛光金刚石在理论上可以实现金刚石的原子级加工。因此在金刚石的常温 CMP 中可以考虑使用能够产生·OH 的氧化剂。常用的氧化剂中可以产生·OH 的主要有双氧水和芬顿(Fenton)试剂。Fenton 试剂是由 H_2O_2 与 Fe^{2+} 构成的具有强氧化性的体系,可以通过 Fenton 反应产生·OH。本节比较了 Fenton 反应产生的·OH 的含量以及双氧水产生的·OH 的含量。

电子顺磁共振(Electron Paramagnetic Resonance,EPR)是一种利用含有未配对电子物质的磁场特征来研究其性质的一种波谱学方法,可以用于判断自由基的种类、测定自由基的含量。本节采用电子顺磁共振方法来测量·OH 的含量,其中使用的电子顺磁共振波谱仪是德国 Bruker 公司生产的 A200 - 9.5 型(见图 2.19)。由于·OH 的寿命极短,大约只有 1×10^{-9} s[184],难以直接进行测量,所以通常在检测中使用自旋阱,自旋阱能与·OH 结合生成相对稳定且寿命较长的加和物,通过测量加和物的含量来间接地实现对溶液中·OH 的检测。本次实验中选用了·OH 的 EPR 检测中常用的自旋阱 DMPO(5,5-二甲基-1-吡咯啉-N-氧化物),由百灵威科技有限公司生产,纯度 97%,它和·OH 反应生成的加和物为 DMPO—OH,具体过程反应式为

$$DMPO + ·OH \rightarrow DMPO—OH \tag{2.23}$$

检测参数设定如下:

中心磁场(Center Field)为 3 350.00 Gs;扫场宽度(Sweep Width)为 200.00 Gs;扫场时间(Sweep Time)为 81.92 s;微波功率(Microwave Power)为 1.52 mW;调制幅度(Modulation Amplitude)为 5.000 Gs;转换时间(Converse Time)为 80.0 ms。

实验操作步骤如下:

(1)取一定量的 -20 ℃下冷冻储存的 DMPO 溶液,和磷酸缓冲盐溶液(Phosphate Buffer Saline,PBS)混合,考虑到 Fenton 反应产生的·OH 较多以及自旋阱过量原则,本实验选用的 DMPO 浓度为 1.5 mol/L。

(2)配制溶液:取 a、b 两个 1.5 mL 的棕色避光小瓶分别配制 1 号和 2 号溶液。每种溶液配制完成后都立即进行 EPR 检测。

1)用微量移液器(见图 2.19)取 100 μL 的 15%(质量分数)的双氧水溶液放于 a 小瓶中,再取 100 μL 的 1.5 mol/L 的 DMPO 溶液加入 a 小瓶中,将 a 小瓶中溶液标记为 1 号溶液(用于测量双氧水产生的·OH 的含量)。

2)用微量移液器取 100 μL 的 15%(质量分数)的双氧水溶液的放于 b 小瓶中,再取 100 μL 的 1.5 mol/L 的 DMPO 溶液加入 b 小瓶中,最后取 2 mg 的 $FeSO_4 \cdot 7H_2O$ 加入 b 小瓶,将 b 小瓶中溶液标记为 2 号溶液(用于测量 Fenton 反应产生的·OH 的含量)。

(3)打开电子顺磁共振波谱仪以及配套测量软件,调节微波桥界面的参数,使波峰对称。

(4)迅速用毛细管吸取 1 号溶液,封口后放入顺磁管,再放置到试件仓内。

(5)再次调节软件的测量参数开始测量。

（6）用同样的方法测量 2 号溶液，为保证测量结果的精确性，每次测量用的溶液都是现用现配。

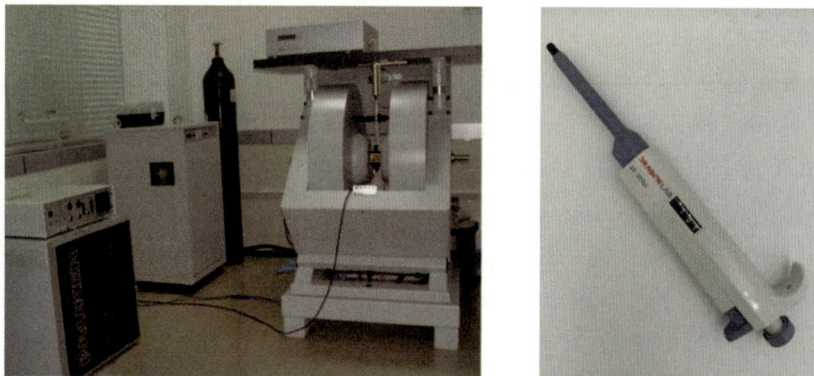

图 2.19　电子顺磁共振波谱仪和微量移液器

经电子顺磁共振波谱仪测量发现，1 号和 2 号溶液对应的波谱都呈现出明显的四重特征峰，且强度比为 1：2：2：1，如图 2.20 所示，这是典型的羟基自由基加和物——DMPO—OH 的谱线特征，说明两种溶液中都产生了·OH。1 号溶液对应的谱线强度较低，说明双氧水溶液产生的·OH 较少。相比 1 号溶液，2 号溶液对应的谱线强度很大，说明 Fe^{2+} 和 H_2O_2 可发生 Fenton 反应产生大量的·OH。

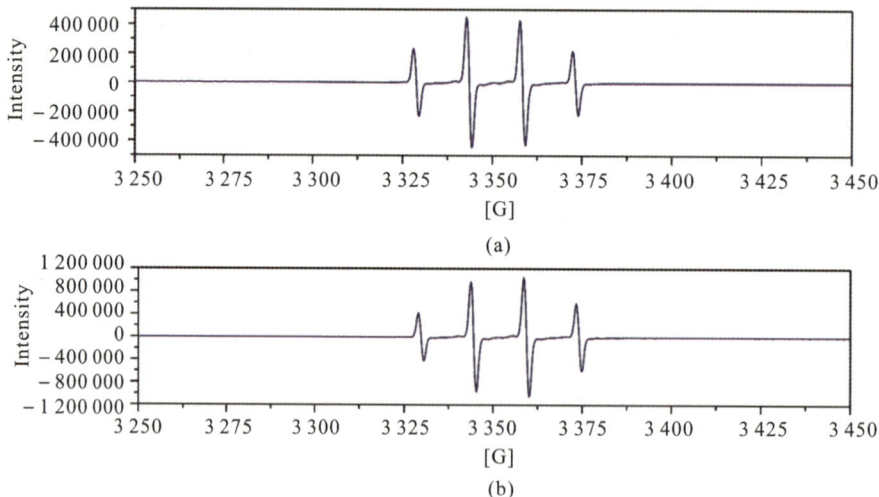

图 2.20　两种溶液的电子顺磁共振波谱
(a)1 号溶液；　(b)2 号溶液

电子顺磁共振波谱仪检测实验表明，Fenton 试剂中的 Fe^{2+} 和 H_2O_2 混合后短时间内产生大量的·OH。同时，根据本书 2.3 节的模拟结果，·OH 浓度的增大可以促进金刚石的表面氧化和金刚石常温 CMP 中的材料去除。因此，能够产生大量·OH 的 Fenton 试剂在理论上有潜力成为适用于金刚石常温 CMP 的氧化剂。

2.4 本 章 小 结

本章用基于 ReaxFF 力场的分子动力学方法模拟了常温下在·OH 环境中金刚石表面吸附和材料去除的微观过程,初步证明了利用·OH 对金刚石进行常温 CMP 的可行性。得到以下结论:

(1)·OH 与金刚石相互作用的过程中,金刚石表面发生了化学吸附,形成了 C=O、C—H 和 C—OH 结构。在磨粒的滑动作用下,碳原子被剪切去除,去除的形式有生成 CO、CO_2 和黏附于磨粒。

(2)基体中被去除的碳原子主要来自第一层,极少量的来自第二层,说明了在·OH 环境下的抛光可以优先去除高点的碳原子,理论上可以实现金刚石的原子级加工。同时,·OH 浓度越大,对金刚石的氧化能力越强,越有利于金刚石的材料去除。因此,可以产生大量的·OH 的 Fenton 试剂有潜力成为适用于金刚石常温 CMP 的氧化剂。

(3)金刚石的化学性质十分稳定,和·OH 相互作用后只在最上层发生了化学吸附,氧原子不能移动到基体的下层,无法像铜、硅、碳化硅等其他材料一样生成一定厚度的软质反应层,因此在抛光中要选择高硬度的磨料来增强机械作用,为金刚石常温 CMP 工艺方法研究提供了理论指导。

本章旨在探索在常温下利用氧化性极强的·OH 对金刚石进行常温 CMP 的可行性,发现了化学吸附和磨粒滑动对金刚石的表面材料去除都有直接的影响,但是没有具体讲述氧化剂和机械划擦是如何在抛光中发挥作用的,这部分内容将在本书的第 5 章展开介绍。

第 3 章　金刚石常温 CMP 抛光液的研究

抛光液在 CMP 中同时发挥化学作用和机械作用,是影响抛光表面质量和效率的关键因素。此外,在加工过程中抛光液的消耗量大,且通常不可回收,是抛光中成本最高的部分。因此,高性能抛光液的研制对于化学机械抛光十分重要[185]。由于金刚石化学性质稳定,很难轻易地被氧化,所以金刚石的 CMP 需要选择一种合适的高活性的氧化剂。早期在金刚石抛光中,由于使用的 KNO_3、$NaNO_3$、$LiNO_3$ 等熔融盐氧化剂,需要在高温(一般 300 ℃以上)环境下才能发挥作用,存在抛光液易挥发、抛光盘热变形严重等问题,导致抛光过程不稳定,难以保证加工精度和表面质量。后来学者们改进了抛光液配方,提出采用高铁酸钾或高锰酸钾等作为氧化剂,降低了抛光温度(50~70 ℃),但依然需要加热条件,不能消除上述高温引起的抛光液挥发、抛光盘热变形等问题。在磨料方面,碳化硼微粉[186]由于受到生产工艺的限制,粒度均匀性较差,难以有效地控制抛光表面质量,硅溶胶[88]则受限于化学作用弱以及硬度较低等原因,抛光金刚石时的材料去除率较低。因此,有必要研制适用于金刚石常温 CMP 的抛光液,尤其是其中的氧化剂和磨料。

羟基自由基(·OH)具有极强的氧化能力,其标准电极电势为 2.8 V,由本书第 2 章的模拟结果可知,在常温下利用·OH 抛光金刚石在理论上可以实现金刚石的原子级加工,同时能够产生大量·OH 的 Fenton 试剂有潜力成为适用于金刚石常温 CMP 的氧化剂。为了进一步验证这一模拟结果,本章选择可以产生羟基自由基的 Fenton 试剂、双氧水和其他几种常见强氧化剂,进行了金刚石的常温 CMP 对比实验。此外,根据本书第 2 章的模拟结果可知,金刚石的化学性质十分稳定,在强氧化剂的作用下仅在最上层发生了化学吸附,而没有生成一定厚度的软质反应层,因此在抛光中要选择高硬度的磨料来增强机械作用,本章使用几种超硬磨料来抛光金刚石,并从中优选了金刚石 CMP 用抛光液的磨料种类,最终确定了适合于金刚石常温 CMP 的抛光液。

考虑到降低试件表面粗糙度、改善工件表面质量是抛光工艺的重要功能和任务,因此本章实验中以抛光前后金刚石试件表面粗糙度的改善程度作为评价抛光效果的主要指标。

3.1　抛光实验前准备

一、试件及实验设备

实验选用的试件为尺寸 3 mm×3 mm×1 mm 的(100)人造单晶金刚石。试件初始的表面形貌如图 3.1 所示,可以看到表面有明显的沟槽痕迹,表面粗糙度为 5.79 nm。本书采用 Zygo 公司生产的 New view 5022 型 3D 表面轮廓仪对试件的表面三维轮廓和表面粗糙度进行检测分析,如图 3.2(a)所示。该 3D 表面轮廓仪采用白光干涉的工作原理,其横向分辨率为 110 nm,扫描深度为 2～150 μm,垂直分辨率为 0.1 nm,适用于定性或者定量地测量高精度零件表面的表面粗糙度、波纹度、平整度、台阶高度等三维几何形貌。

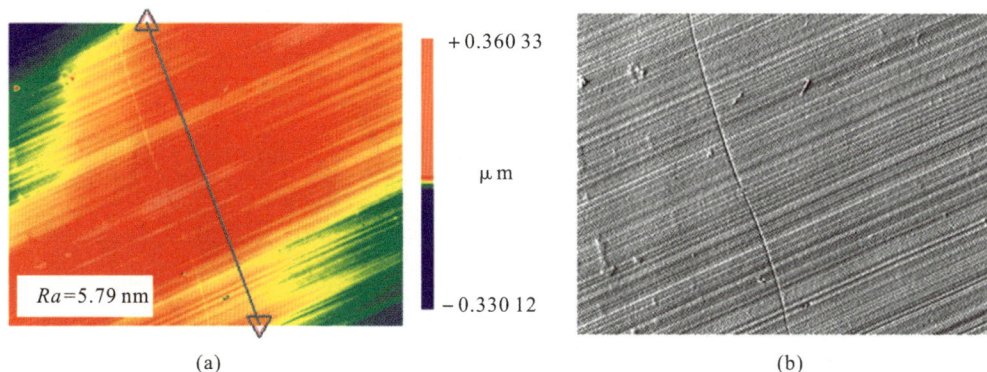

(a)   (b)

图 3.1 金刚石试件的初始表面形貌
(a)面轮廓; (b)Slope X Map

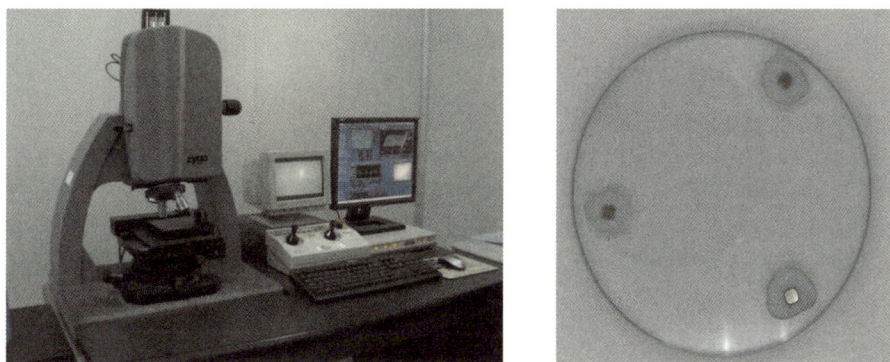

图 3.2 New view 5022 型 3D 表面轮廓仪和金刚石试件
(a)New view 5022 型 3D 表面轮廓仪; (b)金刚石试件

将 3 片金刚石试件沿着圆周均匀粘在玻璃载物盘上,它们到圆心的距离一致,如图 3.2(b)所示。使用的黏贴剂为环氧树脂胶,需将金刚石试件完全包裹,以尽量避免加工过程中的机械冲击损伤试件的边缘。经 12 h 固化后,将包裹住金刚石的环氧树脂胶修成锥形,保证胶的高度低于金刚石,从而使抛光压力能够有效地施加在试件上。

实验使用沈阳科晶自动化设备有限公司生产的 UNIPOL-1200S 型自动压力研磨抛光机。其主要技术参数为:研磨盘(下盘)转速范围为 20～240 r/min(增量调速,最小增量 10 r/min),有配重块重力加载和机械自动加载两种模式,使用自动加载模式时载物盘(上盘)转速范围为 0～80 r/min(无级调速)。实验发现,采用自动加载方式时,金刚石压向研磨盘并在与之接触的瞬间产生的冲击力,容易造成金刚石边缘破碎,因此本书中研磨和抛光工艺采用重力加载方式。由于实验中使用研磨/抛光液均为水基抛光液,黏稠度不高,长时间静置磨粒易沉淀,选择使用磁力搅拌器持续搅拌抛光液以保持磨粒的分散性。其工作原理是在抛光液中放置磁性转子,并通过不断变换基座两端的极性来推动其进行圆周运转,使抛光液保持均匀混合。为了保持实验过程中研磨/抛光液滴加的稳定性,使用蠕动泵代替人工滴加来提高实验的精度和效率。蠕动泵驱动器驱动转子转动,从而使压辊周期性地挤压软管外壁,靠密封的工作容积的变化使浆料在软管内流动,并最终均匀地滴加于研磨/抛光盘上。UNIPOL-1200S 型研磨抛光机、磁力搅拌器和蠕动泵如图 3.3 所示。

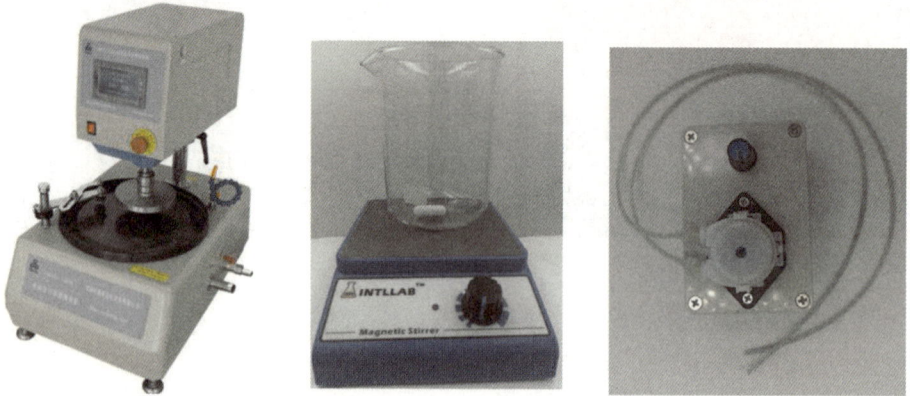

图 3.3   UNIPOL-1200S 型研磨抛光机、磁力搅拌器实物和蠕动泵

二、对金刚石试件的前处理

对金刚石试件进行前处理的目的主要是使载物盘上的三个样品高度一致且表面粗糙度较低,以便顺利进行后续的化学机械抛光过程。前处理分为两步:采用粗研磨工艺磨平试件,消除由于初始试件高度不完全一致或者粘片过程中的误差造成的三片金刚石的高度差;采用精研磨工艺使金刚石试件的表面粗糙度迅速降低到 Ra 5 nm 以下。

粗研磨过程中使用的研磨盘尺寸为 Φ 300 mm、表面粗糙度为 10 μm 左右的粗糙玻璃盘。将 4 g 粒径 3~6 μm 的金刚石微粉加入 100 mL 去离子水配制成研磨液,并使用超声清洗机震荡 10 min。设定研磨盘的转速为 50 r/min,研磨压力为 2 MPa。当三个试件表面各处都磨到时,结束粗研磨过程,此时三个试件表面高度一致。测量粗研后金刚石试件的表面轮廓和表面粗糙度,如图 3.4 所示,可以明显地看到试件表面已经没有了初始的沟槽痕迹,但是由于选用的磨料粒径较大,此时的金刚石试件的表面粗糙度很大,Ra 达到了164.36 nm。

精研磨过程中使用的研磨盘尺寸为 Φ 300 mm、表面粗糙度为 10 nm 左右的光滑玻璃盘。将 6 g 粒径 1~2 μm 的金刚石微粉加入 200 mL 去离子水中配制成研磨液,同样使用超声清洗机振荡 10 min。设定研磨盘转速为 50 r/min,研磨压力为 2 MPa,研磨时间为2 h。每隔 30 min 使用 New view 5022 型 3D 表面轮廓仪测量一次金刚石的表面粗糙度,并使用日本 KEYENCE 公司生产的 VHX-600E 型超景深三维显微镜(见图 3.5)拍摄金刚石表面的显微图片。

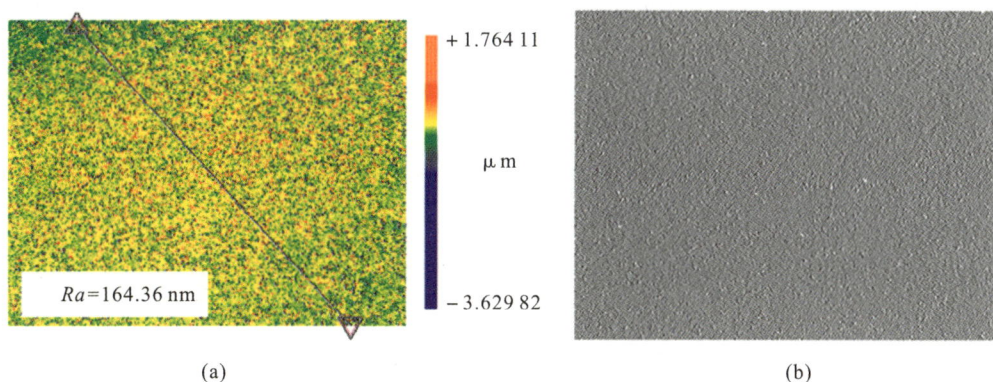

$Ra=164.36$ nm

$+1.76411$

μm

-3.62982

(a)　　　　　　　　　　　　　　　　　(b)

图 3.4　粗研磨后的金刚石表面形貌
(a)面轮廓；　(b)Slope X Map

图 3.5　VHX-600E 型超景深显微镜

　　图 3.6 为金刚石表面粗糙度随研磨时间变化的规律。可以看到,经过 30 min 的精研磨后,金刚石表面粗糙度迅速地从 $Ra=183.12$ nm 降到了 $Ra=30.57$ nm,这是迅速降低表面粗糙度的一个阶段。

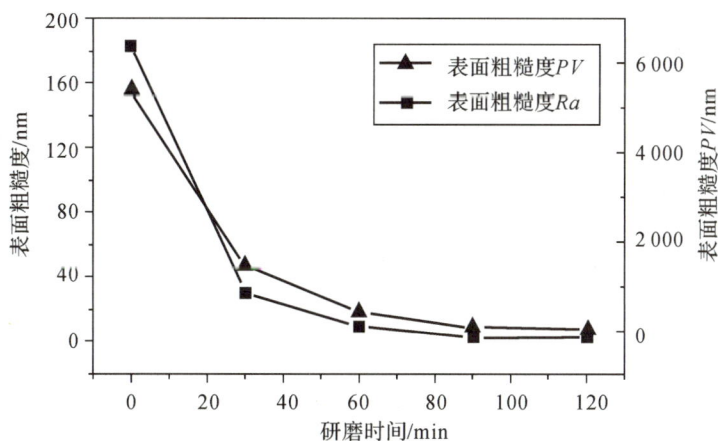

图 3.6　精研磨阶段表面粗糙度随研磨时间变化的规律

在研磨开始后 30～60 min 阶段，表面粗糙度值的下降速度放缓，降至 $Ra = 10.40$ nm。在研磨开始后 60～90 min 阶段，金刚石表面粗糙度继续下降至 $Ra = 3.38$ nm，达到了纳米级。同 Ra 值一样，表面粗糙度 PV 值也是呈现先快速降低再逐步缓慢减小的过程，先由 5 μm 左右降至 1.4 μm 左右(30 min)，然后降至 0.4 μm 左右(60 min)，再降至 59.22 nm(90 min)。当再继续研磨 30 min 后，金刚石的表面粗糙度没有发生明显的变化，这说明 90～120 min 这段时间的研磨没有太大效果，可见精研磨工艺合适的时间为 90 min。

图 3.7 为精研磨的各阶段的金刚石表面显微图片。在精研磨工序之前，金刚石表面经过了粒径 3～6 μm 的金刚石微粉的粗研磨，表面机械损伤严重，布满了微破碎凹坑，如图 3.7(a)所示。在粒径 1～2 μm 金刚石磨粒的滚轧和划擦作用下，金刚石表层材料发生解理和微破碎。由于金刚石表面高点和磨粒优先接触，所以表面的微凸峰被优先去除，精研磨 30 min 后，表面质量大大改善，但是仍旧存在很多微破碎痕迹，如图 3.7(b)所示。随着研磨过程的继续进行，微凸峰继续被去除，金刚石表面微破碎凹坑逐渐减少，从图 3.7(a)～(d)可以明显地看到金刚石表面质量逐步改善的过程。但是，从精研磨后最终获得的金刚石表面显微图片[见图 3.7(d)]可以看出，其表面仍然存在硬质颗粒的滚轧压溃形态和微切削的形貌。这是由机械加工的材料去除原理决定的，是研磨工艺中难以避免的，在后续的化学机械抛光中需要减少甚至消除这些损伤。

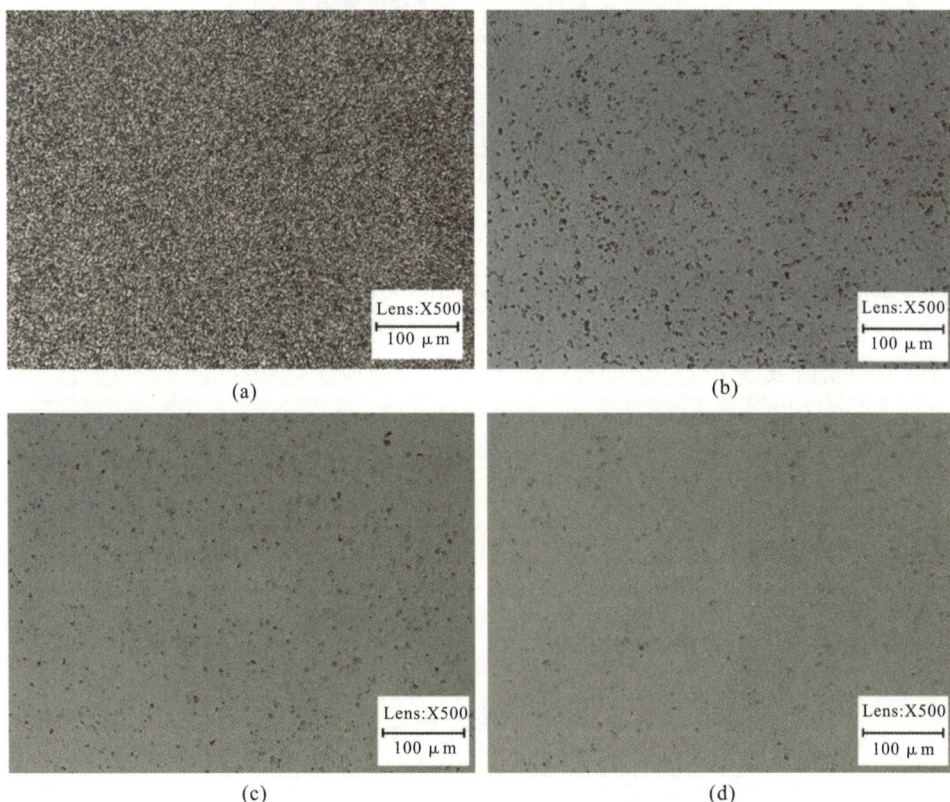

图 3.7　精研磨过程中金刚石表面的显微图片
(a)0 min；(b)30 min；(c)60 min；(d)90 min

3.2 金刚石 CMP 抛光液用氧化剂的选择

抛光液中的氧化剂与试件表面接触时会发生化学反应,并在表面形成化学反应层,抛光液中的磨粒通过划擦、滚压等机械作用将这一层化学反应层去除,使试件表面重新裸露出来,氧化剂继续氧化新鲜的表面,该过程循环进行,形成了一般硬脆材料化学机械抛光的材料去除过程。由于金刚石化学性质十分稳定,所以其化学机械抛光过程中的表面氧化作用尤为关键。

一、用于抛光实验的几种氧化剂的介绍

根据第 2 章的分子动力学模拟结果,·OH 可以氧化金刚石的表层碳原子,然后被氧化的表层碳原子由于磨粒的滑动被剪切去除,碳原子的去除优先发生在顶层,说明了在·OH 环境下理论上可以实现对金刚石的原子级加工。本节选择可以产生·OH 的 Fenton 试剂和双氧水作为氧化剂来配制抛光液,并选择高铁酸钾和高锰酸钾这两种金刚石抛光中常用的氧化剂以及无氧化剂的抛光液作为对照组。

高锰酸钾又名过锰酸钾,由德国化学之父 Justus von Liebig 于 1659 年发现[187]。高铁酸钾呈黑紫色,带蓝色的金属光泽,可溶于水和乙醇,有强氧化性,有毒,目前制备技术较为成熟,市场购买的产品纯度较高(>90%)。常被用作化学生产中的氧化剂,其低浓度溶液也被用作防腐剂、消毒剂、除臭剂及解毒剂等。在医药中常配制低浓度高锰酸钾溶液来用作防腐剂、消毒剂、除臭剂及解毒剂。同时在水处理中,常使用高锰酸钾来降低铁、锰元素的含量[188,189]和消除臭味[190]。

高铁酸钾,呈暗紫色,有光泽,其水溶液为浅紫红色,溶解度较高,是备受关注的新型非氯消毒剂,目前制备技术还不是很成熟。高铁酸根中的铁元素呈六价,具有极强氧化性,可以杀死绝大数细菌,对酚、醇、苯、有机酸、有机氮、含硫化合物等有机污染物有良好的去除效果,能使有机物降解成无害的无机物,还可以氧化去除多数重金属元素离子[191]。此外,经过一系列反应,其中的铁元素被逐步还原成具有絮凝作用的 Fe(Ⅲ),可以进一步吸附污水中的颗粒污染物,是一种多功能绿色水处理剂。

过氧化氢,化学式 H_2O_2,是一种呈淡蓝色的黏稠状液体,可与水任意比例混溶。其水溶液俗称双氧水,为无色透明液体,工业上和实验中常用的是质量分数 30% 的双氧水,按照需求再进行稀释。它是一种强氧化剂,在化工生产中可以用于制备过硼酸钠、过氧化硫脲、酒石酸、维生素等。其低浓度的水溶液(≤3%)在医学上常用于杀菌消毒。在常温常压下比较稳定,分解成水和氧气的速度极其缓慢。已经有很多学者把双氧水用于铜[192,193]、硅[194]和铌酸锂[195]等材料化学机械抛光中的氧化剂。

和高锰酸钾以及高铁酸钾这两种强氧化剂相类似,芬顿(Fenton)试剂也是一种水处理剂,它是利用 H_2O_2 与 Fe^{2+} 反应(Fenton 反应)生成·OH 从而发挥氧化作用。1964 年,Eisenhauser[196]首次将 Fenton 试剂用于处理苯酚及烷基苯废水,开创了 Fenton 试剂在环境污染物处理中应用的先例。随着研究的进一步深入,人们逐渐发现 Fenton 试剂可以将污

水中含有的酚类、酮类、醇类、脂类等有机物氧化,并分解为二氧化碳、水等无机物,Fenton反应也越来越广泛地被应用于造纸、印染、焦化等工业生产中对污水的处理过程。Fenton氧化法被认为是一种简单、经济、快速、环保的的氧化方法[197,198],该方法在反应过程中可以将废水中污染物彻底无害化,而且氧化剂参加反应后的生成物可以自行分解,不产生二次污染。由于 Fenton 氧化法所具有的诸多优点,越来越受到国内外研究人员的关注[199]。目前,国内外一些学者尝试将其应用于碳化硅的化学机械抛光中[200-203]。

二、含不同氧化剂的抛光液配制和抛光实验

本节的化学机械抛光实验依然在 UNIPOL-1200S 型研磨抛光机上进行,抛光示意图如图 3.8 所示。抛光盘以一定的速度转动,载物盘底部沿着周向均匀粘了 3 个单晶金刚石试件并通过配重块以一定的压力压在抛光盘上。配重块重量可调,以便调节抛光压力。在磁力搅拌器和蠕动泵的辅助下,抛光液匀速地滴加在抛光盘上,金刚石表面碳原子在氧化剂的作用下发生活化,形成化学吸附层,抛光盘和抛光液中的磨粒通过机械作用将表面活化的碳原子去除,使金刚石表面亚表层的碳原子裸露出来与氧化剂继续反应,这样循环往复,在化学和机械的共同作用下完成金刚石表面的抛光。化学机械抛光过程中使用的抛光盘直径为 300 mm,材质为光滑玻璃盘。

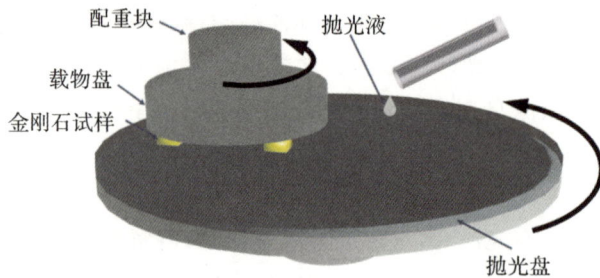

图 3.8　金刚石化学机械抛光过程示意图

用这四种氧化剂配制的抛光液来抛光金刚石,并与没有添加氧化剂的抛光液进行对比,抛光液配比如表 3.1 所示,其中 e 抛光液包含 A、B 两种组分。取 6 个 200 mL 的烧杯,按照表 3.1 的配比来配制抛光液。称量定量的金刚石微粉加入 1～5 号烧杯,再加入定量的去离子水,把烧杯放入超声清洗器中振荡 10 min,避免磨粒团聚。1～5 号烧杯中均加入一定量的聚乙二醇,保证 CMP 过程中抛光液中磨粒的分散性。1 号烧杯中为 a 抛光液。在2～4 号烧杯中分别加入定量的高铁酸钾、高锰酸钾和双氧水,添加去离子水使各氧化剂达到所需要的浓度,之后用玻璃棒搅拌均匀,得到 b～d 抛光液。在 5 号烧杯中加入 50 mL 浓度 20%(质量分数)的双氧水,和金刚石微粉混合后搅拌均匀,得到 e 抛光液的 A 组分。在6 号烧杯中加入定量的七水合硫酸亚铁,配制成 $FeSO_4$ 溶液,得到 e 抛光液的 B 组分。在抛光过程中,1～5 号烧杯中的液体需进行磁力搅拌以保证其成分的均匀性,再使用蠕动泵匀速地滴加在抛光盘上。6 号烧杯中的 $FeSO_4$ 溶液不含磨粒,不需要磁力搅拌。

实验中使用的金刚石试件是经过粗研磨和精研磨处理过的,表面粗糙度为 3～4 nm。化学机械抛光过程中选择的抛光盘转速为 50 r/min,抛光压力为 2 MPa,使用的抛光盘仍

为尺寸为 $\Phi 300\ mm$ 的光滑玻璃盘。使用五组含不同氧化剂以及不含氧化剂的抛光液分别抛光金刚石试件 1 h 后,从载物盘卸下金刚石试件并清洗干净。金刚石试件的表面粗糙度和表面轮廓采用 New view 5022 型 3D 表面轮廓仪进行测量,使用 VHX-600E 型超景深显微镜拍摄抛光后金刚石表面的显微照片。

表 3.1 不同氧化剂抛光液的配比

抛光液种类	烧杯序号	氧化剂种类和含量	磨料	分散剂	去离子水/mL
a	1	—	3 g 金刚石微粉	聚乙二醇	100
b	2	高铁酸钾,15 g	3 g 金刚石微粉	聚乙二醇	100
c	3	高锰酸钾,6 g	3 g 金刚石微粉	聚乙二醇	100
d	4	20%(质量分数)H_2O_2,50 mL	3 g 金刚石微粉	聚乙二醇	50
e	5(A 组分)	20%(质量分数)H_2O_2,50 mL	3 g 金刚石微粉	聚乙二醇	—
	6(B 组分)	$FeSO_4 \cdot 7H_2O$,1 g	—	—	50

三、氧化剂对金刚石 CMP 效果的影响

使用不同抛光液抛光前后的金刚石试件表面粗糙度值的变化情况如图 3.9 所示。抛光前,几组金刚石试件经过了前期的粗研磨和精研磨工艺的处理,初始表面粗糙度基本一致,Ra 为 3~4 nm。使用 a 抛光液抛光后的金刚石试件表面粗糙度为 2.86 nm,是几组金刚石试件中最粗糙的,但是相比抛光前的 $Ra = 3.85$ nm,表面粗糙度值依然有下降的趋势,这是因为在抛光过程中使用的磨粒是粒径 0.5~1 μm 的金刚石微粉,相比精研磨过程中使用的磨粒粒径更小,可以进一步去除微凸峰,并在一定程度上改善金刚石的表面质量。使用 b 抛光液和 d 抛光液抛光金刚石试件后,都获得了 $Ra = 2.28$ nm 左右的表面粗糙度,较使用不添加氧化剂的抛光液有了明显的改善,说明添加氧化剂对金刚石表面粗糙度的降低是有利的。相比 d 抛光液,b 抛光液对应的金刚石试件抛光前的初始表面粗糙度更大一些,表明了高铁酸钾抛光液在 CMP 中降低金刚石表面粗糙度的能力稍优于双氧水抛光液。使用 c 抛光液和 e 抛光液抛光后,金刚石试件的表面粗糙度值降至 2 nm 以下,尤其是使用添加了 Fenton 试剂的 e 抛光液抛光后的表面粗糙度低至 1.46 nm。

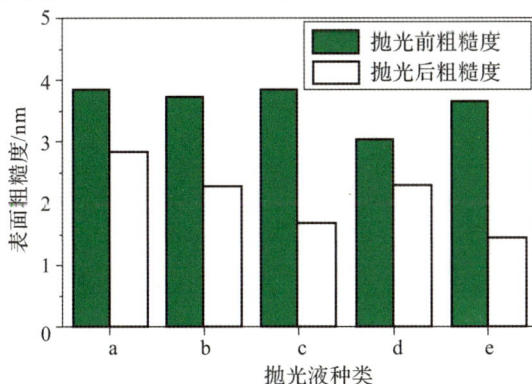

图 3.9 不同氧化剂作用下金刚石表面粗糙度 Ra 值抛光前后的变化

　　采用五种抛光液分别进行化学机械抛光 1 h 后,金刚石试件表面质量都得到了改善,如图 3.10 所示。相比精研磨后的金刚石试件表面,采用后四种添加了氧化剂的抛光液抛光后的表面破碎凹坑数量大大减少,并且凹坑明显地变小、变浅。而采用没有添加氧化剂的抛光液抛光后的金刚石试件表面的凹坑数目没有明显的减少,如图 3.10(a)所示,这可能因为没有化学作用的辅助,单纯的机械作用依然会在加工过程中不断地产生新的微破碎。但是可以看到,采用该抛光液抛光后的试件表面的凹坑也变小和变浅了,这是因为抛光中使用了较研磨工艺更小粒径的磨料。其余四组含氧化剂的抛光液中,使用添加了 Fenton 试剂的抛光液化学机械抛光后的金刚石表面质量最好,前一步研磨工序带来的表面损伤基本被去除,如图 3.10(e)所示。使用添加了高锰酸钾的抛光液抛光后的表面也比较光滑,凹坑较少,如图 3.10(c)所示。而使用添加了高铁酸钾氧化剂的抛光液抛光后的金刚石表面凹坑稍多,如图 3.10(b)所示,这可能是因为高铁酸钾溶液不稳定,在 1 h 的磁力搅拌过程中发生了分解。相比其他几种氧化剂,使用双氧水抛光液抛光后的金刚石表面凹坑最多、质量较差,如图 3.10(d)所示。双氧水和 Fenton 试剂都可以产生 ·OH,但是它们对金刚石的抛光效果却相差很大,这可能是由于两者产生羟基自由基的效率不同造成的。

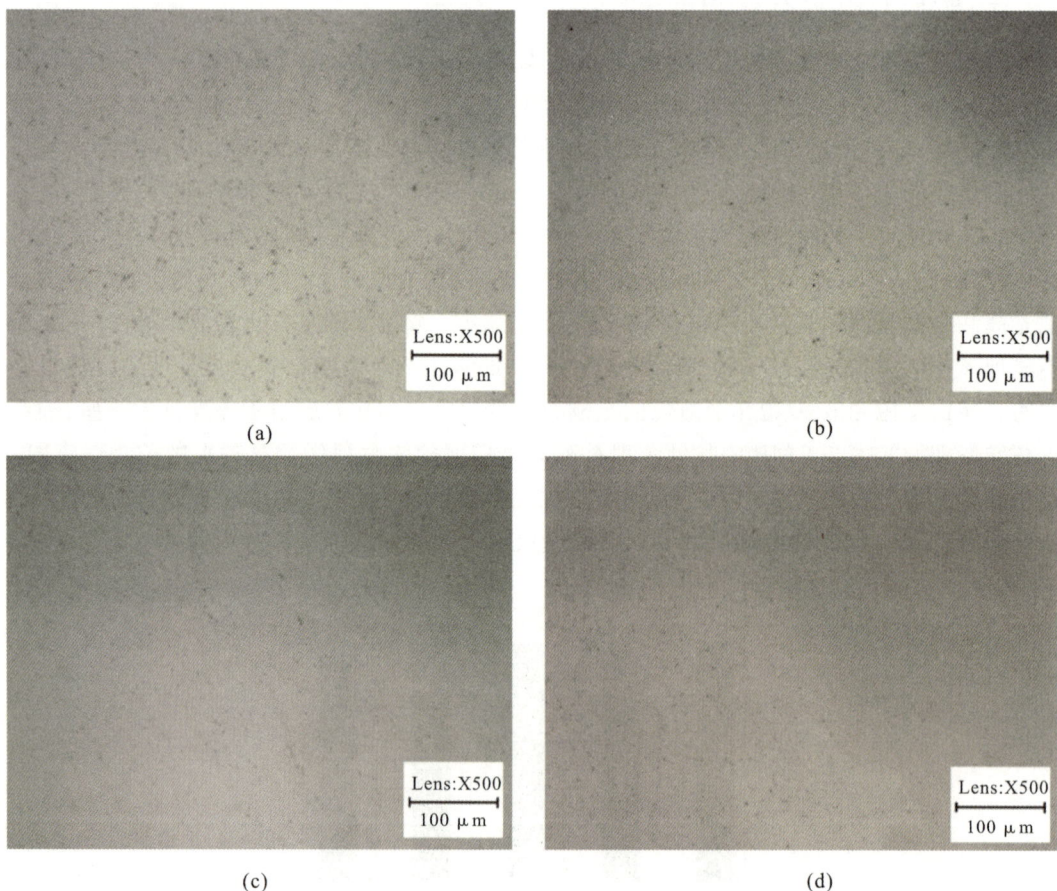

图 3.10　化学机械抛光后金刚石表面的显微照片

(a)a 抛光液;　(b)b 抛光液;　(c)c 抛光液;　(d)d 抛光液

(e)

续图 3.10　化学机械抛光后金刚石表面的显微照片

(e)e 抛光液

在化学机械抛光中,金刚石表面粗糙度降低的过程是微凸峰被逐渐去除的过程,这个过程需要化学和机械的协同作用。金刚石表层在氧化剂的化学作用下被活化,活化的碳原子可以在磨粒的剪切作用下被去除。当化学作用和机械作用平衡时,可以获得更好的表面质量。双氧水的标准电极电势为 1.776 V,自身的氧化性对于金刚石来说还不够强,同时它在常温且无催化剂的条件下产生·OH 的效率很低(相关检测见本书 2.3 节),因此采用它作氧化剂对金刚石表面质量的改善能力有限。

根据上述分析,使用以 Fenton 试剂为氧化剂的抛光液来抛光金刚石,能够在 60 min 内使金刚石的表面质量得到显著改善,去除大部分研磨过程中产生的表面损伤,试件表面粗糙度由 3.67 nm 降至 1.46 nm。同时,相比另一种抛光效果也较好的氧化剂高锰酸钾,Fenton 试剂更加绿色、安全,因此本书选择它作为金刚石化学机械抛光中的氧化剂。

四、Fenton 试剂的氧化机理

1893 年,法国化学家 H. J. H. Fenton 发现,当将双氧水与 Fe^{2+} 混合起来时,溶液会产生极强的氧化性,甚至可以把有机物氧化为无机态,这种由双氧水和 Fe^{2+} 组成的具有极强氧化性的溶液体系被称为 Fenton 试剂。这是一种工业上常用的强氧化剂,自被发现以来学者们就开始探究它的反应机理,并提出了多种的假设[204-206]。目前普遍认为 Fenton 反应的实质是 H_2O_2 在 Fe^{2+} 的催化作用下产生高反应活性的·OH 自由基,涉及的反应有[207]:

$$Fe^{2+} + H_2O_2 \rightarrow Fe^{3+} + \cdot OH + OH^- \tag{3.1}$$

$$Fe^{2+} + \cdot OH \rightarrow Fe^{3+} + OH^- \tag{3.2}$$

$$\cdot OH + H_2O_2 \rightarrow HO_2 \cdot + H_2O \tag{3.3}$$

$$Fe^{2+} + HO_2 \cdot \leftrightarrow Fe(HO_2)^{2+} \tag{3.4}$$

$$Fe^{3+} + HO_2 \cdot \rightarrow Fe^{2+} + O_2 + H^+ \tag{3.5}$$

$$HO_2 \cdot \leftrightarrow \cdot O_2^- + H^+ \tag{3.6}$$

$$Fe^{3+} + \cdot O_2^- \rightarrow Fe^{2+} + O_2 \uparrow \tag{3.7}$$

$$HO_2 \cdot + HO_2 \cdot \rightarrow H_2O_2 + O_2 \uparrow \tag{3.8}$$

$$\cdot OH + HO_2 \cdot \rightarrow H_2O + O_2 \uparrow \tag{3.9}$$

$$\cdot OH + \cdot O_2^- \rightarrow OH^- + O_2 \uparrow \tag{3.10}$$

$$\cdot OH + \cdot OH \rightarrow H_2O_2 \tag{3.11}$$

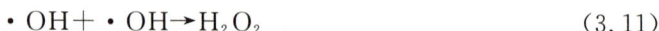

反应式(3.1)是 Fenton 反应的主反应,该反应中产生的 $\cdot OH$ 是起到氧化作用的主要有效因子,它的氧化能力大约是另一种 Fenton 反应产物过氧自由基的 109 倍。此前,日本学者 Tokuda[208]曾研究过硫酸和双氧水混合溶液对金刚石的腐蚀作用,他发现在 140 ℃ 的温度下采用 $H_2SO_4/H_2O_2/H_2O(3:1:1)$ 溶液浸泡金刚石会使其表面粗糙度降低,并推测其中双氧水分解产生的 $\cdot OH$ 和金刚石发生了如下反应:

$$C_{diamond} + 2 \cdot OH \rightarrow CO \uparrow + H_2O \tag{3.12}$$

$$C_{diamond} + 4 \cdot OH \rightarrow CO_2 \uparrow + 2H_2O \tag{3.13}$$

高活性的羟基自由基会和表面碳原子反应生成 CO 或者 CO_2,这是湿法处理金刚石实验中材料去除的主要途径。但是,湿法处理中金刚石的新鲜表面不能及时地暴露出来,会影响到后续的化学反应持续进行,而化学机械抛光中的机械作用可以及时地去除掉表面被氧化的碳原子,使下方新鲜的碳原子机械暴露出来,进而和氧化剂不断地发生化学反应,周而复始,从而实现金刚石材料的有效去除。

3.3 金刚石 CMP 抛光液用磨料的选择

化学机械抛光中的机械作用主要是通过磨料的滚轧和划擦来实现的,磨料的选择对于抛光后金刚石的表面质量有显著的影响,因此研究磨料种类对金刚石 CMP 的影响是必要的。

一、不同磨料的抛光液的配制和抛光实验

根据本书第 2 章的研究结果,由于金刚石的化学性质十分稳定,它被氧化后无法像铜、硅、碳化硅等其他材料一样生成一定厚度的软质反应层,所以在金刚石的 CMP 中需要选择高硬度的磨料来增强机械作用。本节选用的 4 种高硬度磨料的显微硬度和粒径参数如表 3.2 所示。采用 4 种高硬度磨料分别配制四组抛光液,进行金刚石常温 CMP 对比实验。

表 3.2 几种磨料的硬度和粒径

磨料种类	金刚石	CBN	B_4C	Al_2O_3
显微硬度/$(kg \cdot mm^{-2})$	10 000 左右	8 000~9 000	5 500~6 700	2 000 左右
粒径/μm	0.5~1	0~1	0~1	0~1

根据本书 3.2 节关于氧化剂的研究结果,对比实验中的四组抛光液均采用 Fenton 试剂作为氧化剂。为了避免 Fenton 反应过早的发生,应先按照表 3.1 中的 e 抛光液的配比分别配制四份硫酸亚铁溶液和四份双氧水,在其中的双氧水中分别添加 3 g 表 3.2 所示 4 种不同种类的磨料微粉和相同浓度的分散剂聚乙二醇,研究磨料种类对抛光效果的影响。在金

刚石的 CMP 实验时,在线分别滴加硫酸亚铁溶液和双氧水(含磨料)。选择的抛光盘转速为 50 r/min,抛光压力为 1.5 MPa,抛光时间为 1 h。每隔 20 min 测量一次金刚石试件表面粗糙度,得到使用 4 种不同磨料时试件表面粗糙度随抛光时间变化的规律。抛光结束后,用热风枪加热粘贴试件的环氧树脂胶,从载物盘上取下金刚石,使用 VHX-600E 型超景深显微镜拍摄清洗干净的金刚石试件的表面显微照片。

二、磨料对金刚石 CMP 效果的影响

金刚石试件的表面粗糙度与抛光时间的关系如图 3.11 所示。经前期的粗研磨和精研磨两道工序的处理后,金刚石试件的初始表面粗糙度值大致在 3~4 nm 范围内。在 60 min 的 CMP 过程中,当使用的磨料为金刚石、立方氮化硼(CBN)或碳化硼(B_4C)时,金刚石试件的表面粗糙度均得到一定程度的改善,其中使用金刚石微粉时试件表面粗糙度下降最为显著,由 $Ra=3.30$ nm 降至 $Ra=1.35$ nm。而选用氧化铝(Al_2O_3)微粉作为磨料的试件表面粗糙度在 60 min 内一直在 $Ra=3$ nm 至 $Ra=3.5$ nm 之间波动,没有明显的下降。

如图 3.12(a)~(c)所示,使用金刚石、立方氮化硼和碳化硼磨料配制的抛光液抛光 1 h 后,金刚石试件的表面质量都得到了改善。相比精研磨后的金刚石试件,抛光后表面上的破碎凹坑的数量大大减少,并且凹坑明显地变小、变浅。其中,使用金刚石磨料配制的抛光液抛光后的试件表面损伤最小、表面质量最好,使用 CBN 磨料抛光后的表面质量次之。抛光过程中,金刚石表面在氧化剂的化学吸附下被弱化的 C—C 键可以被这几种硬度较高的磨粒有效地剪切去除。因为微凸峰处的温度最高、化学反应最活跃,同时承受的机械滚轧和剪切作用也最强,所以材料的去除是优先发生在微凸峰处的。随着微凸峰逐渐地被去除,金刚石的表面粗糙度值逐渐地被降低,表面质量也得到了改善。而使用氧化铝磨料时,抛光后的金刚石表面仍旧有许多较大较深的凹坑,如图 3.12(d)所示,这些损伤主要是研磨过程产生的。由于金刚石不同于其他材料,它在化学机械抛光中不能产生一定厚度的软质氧化层,只有表层发生化学吸附的碳原子层,其硬度仍然很高,而氧化铝磨料的硬度较低,无法有效地剪切去除金刚石表面的碳原子,所以上一个研磨工序的损伤被保留了下来。

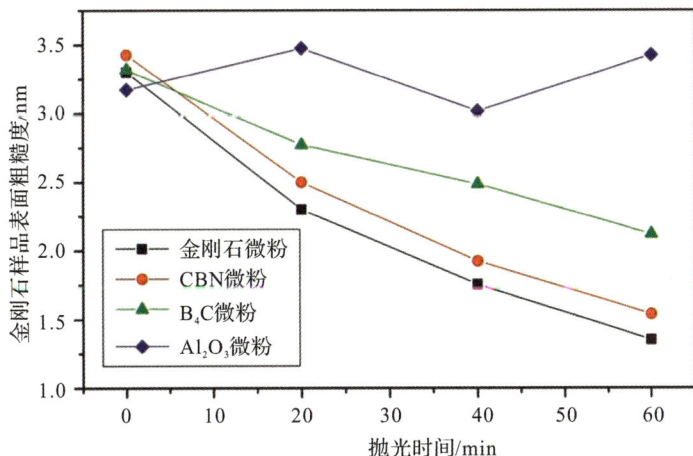

图 3.11　使用不同磨料时金刚石表面粗糙度随抛光时间的变化

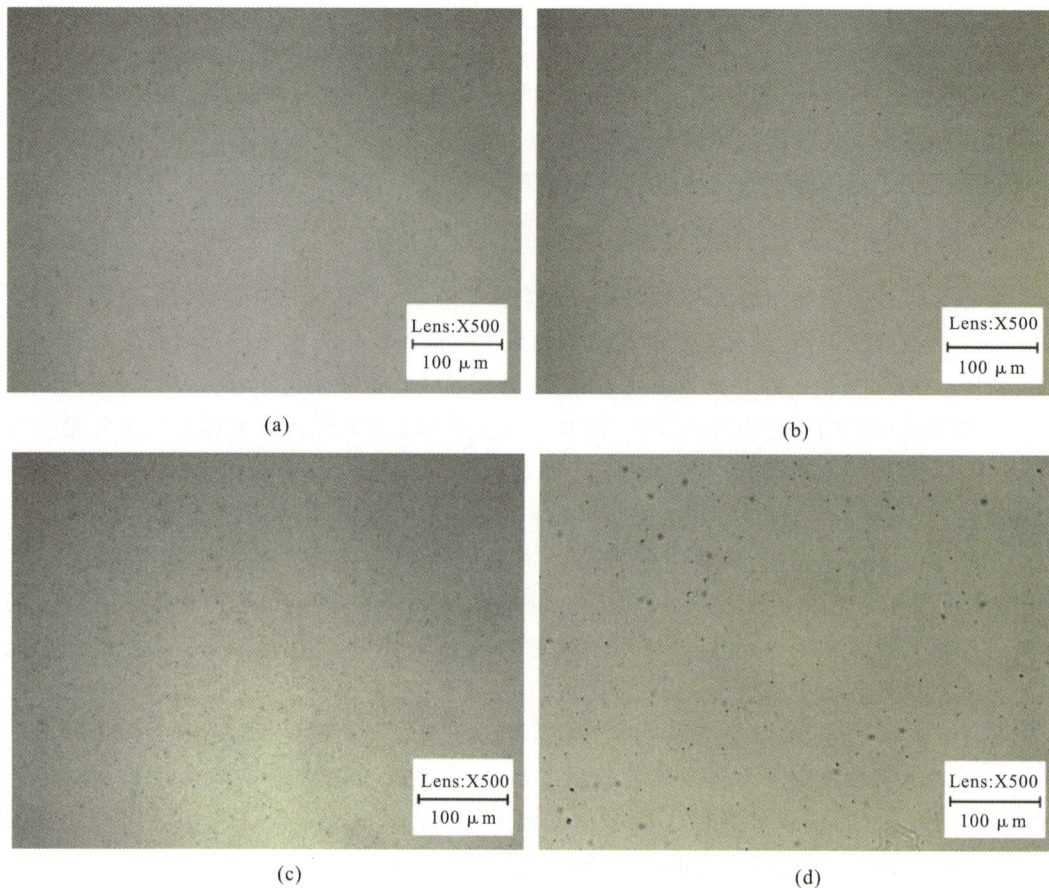

图 3.12　使用不同磨料抛光后金刚石表面的显微照片
(a)金刚石微粉；　(b)CBN 微粉；　(c)B_4C 微粉；　(d)Al_2O_3 微粉

　　根据上述分析,使用以含金刚石微粉的 CMP 抛光液对金刚石试件进行抛光时,能够在 60 min 内去除大部分的研磨过程中产生的表面损伤,使其表面质量得到显著改善。同时,金刚石微粉的生产工艺目前十分成熟,粒度分布很集中,有利于抛光过程的控制,且价格较立方氮化硼微粉更加低廉,因此选用金刚石微粉作为 CMP 抛光液用磨料。

　　由 3.1 节和本节的研究可知,适用于金刚石 CMP 的氧化剂和磨粒分别为 Fenton 试剂和金刚石微粉。因此,金刚石常温 CMP 用抛光液包含两部分:由粒径 $0.5 \sim 1~\mu m$ 的金刚石微粉和 H_2O_2 溶液构成的 A 组分,以及由 $FeSO_4$ 溶液构成的 B 组分。在本书后面的内容中将该以 Fenton 试剂为氧化剂、以金刚石微粉为磨料的抛光液简称为 Fenton 抛光液。

3.4　本　章　小　结

　　本章在进行化学机械抛光实验之前,先对金刚石试件进行了粗、精研磨的预处理,使其表面粗糙度在 $Ra \sim 4~nm$ 范围内。在后续的化学机械抛光实验中,研究了高铁酸钾、高锰酸钾、双氧水和 Fenton 试剂这四种氧化剂的添加对于抛光后的金刚石表面质量的影响,结果表明 Fenton 试剂是最适合金刚石化学机械抛光的氧化剂,可以获得表面粗糙度为 1.46 nm 的光滑表面。比较了碳化硼、氧化铝、立方氮化硼和金刚石四种磨料的抛光效果,优选出金刚石微粉作为抛光用磨料。可见,金刚石常温 CMP 用抛光液包含两部分:由粒径 0.5~1 μm 的金刚石微粉、H_2O_2 溶液和聚乙二醇构成的 A 组分,以及由 $FeSO_4$ 溶液构成的 B 组分。该抛光液中磨料硬度高、氧化剂电负性极强,配合合适的工艺参数,具备快速降低金刚石试件表面粗糙度的潜力。

第4章 金刚石常温CMP的工艺研究

抛光压力和抛光盘转速等工艺参数对金刚石的CMP过程同样会产生重要的影响。磨粒在压力作用下对金刚石试件表面产生挤压、划擦和撞击等,抛光盘转速决定了单位时间内磨料对金刚石试件表面的作用次数,二者都直接影响了抛光中机械作用的大小。为实现抛光过程中机械作用与化学作用的平衡,必须选择合适的抛光压力和抛光盘转速,进而改善抛光表面质量。基于本书第3章提出的Fenton抛光液,本章研究工艺参数对金刚石CMP的影响,如抛光压力、抛光盘转速等,进而优选出合理的金刚石CMP工艺参数。在使用Fenton抛光液抛光后又使用硅溶胶抛光液继续对金刚石进行抛光,确定粗抛光、精抛光相结合的金刚石常温CMP组合工艺方法,使用该组合工艺方法可以快速地获得超光滑的金刚石表面。

考虑到降低试件表面粗糙度、改善工件表面质量是抛光工艺的重要功能和任务,因此本章实验中以抛光前后金刚石试件表面粗糙度的改善程度作为评价抛光效果的主要指标。

4.1 金刚石化学机械抛光中的工艺参数

一、抛光压力对金刚石CMP效果的影响

化学机械抛光中的材料去除是在化学氧化作用和机械剪切作用的协同下实现的。在金刚石的抛光过程中,抛光压力通过磨粒和抛光液施加在金刚石试件上,直接影响机械作用力,进而影响抛光后金刚石试件的表面质量和边缘完整性,因此研究抛光压力对金刚石CMP的影响是必要的。

实验中使用的金刚石试件是经过粗研磨和精研磨处理过的,表面粗糙度为$3\sim4$ nm。根据本书第3章提出的抛光液组分,用双氧水、硫酸亚铁、聚乙二醇和粒径为$0.5\sim1$ μm的金刚石微粉来配制Fenton抛光液。抛光盘尺寸为Φ300 mm的光滑玻璃盘,抛光盘转速为50 r/min,分别在0.5 MPa、1 MPa、1.5 MPa和2 MPa的抛光压力条件下对金刚石试件进行了1 h的化学机械抛光。金刚石试件的表面粗糙度通过New view 5022型3D表面轮廓仪进行测量,抛光后边缘的显微照片采用VHX-600E型超景深显微镜进行拍摄,如图4.1所示。

抛光压力为0.5 MPa时,抛光后金刚石试件的表面粗糙度为2.45 nm,是几组试件中表面最粗糙的。这是因为抛光压力较小时,磨粒对金刚石表面的机械作用也就相应地较

小,不能迅速地去除因化学反应而活化的碳原子,进而快速地降低金刚石试件表面粗糙度。在抛光压力从 0.5 MPa 增大到 1.5 MPa 的过程中,抛光后的金刚石试件表面粗糙度随着抛光压力的增大而减小,这是由更强的机械作用造成的。微凸峰处的温度最高、碳原子优先发生化学反应,在更大的抛光压力下,磨粒对金刚石试件表面产生更大的剪切力,可以更多地去除微凸峰处被活化的碳原子,从而降低金刚石试件的表面粗糙度。

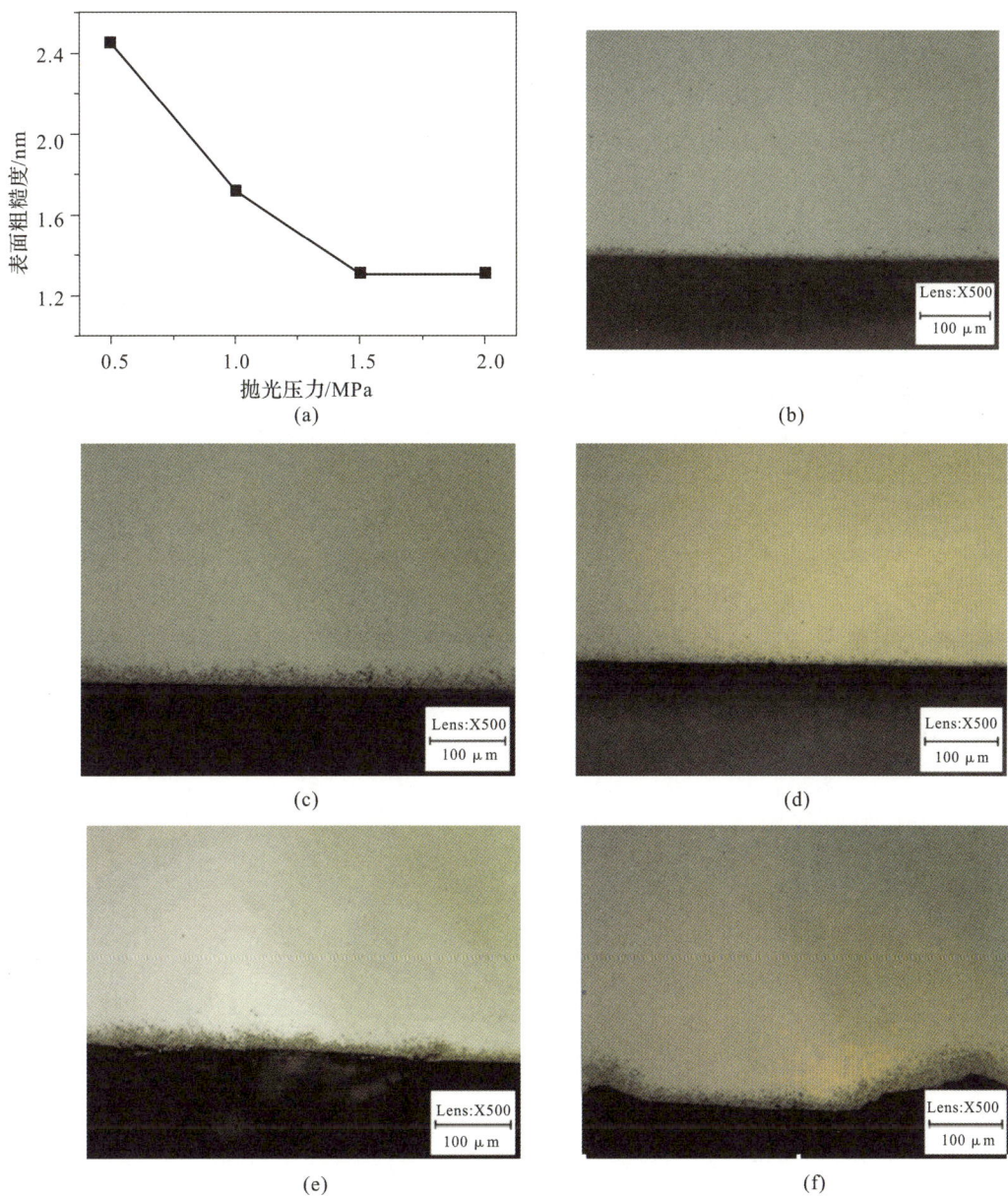

图 4.1 金刚石表面粗糙度随压力变化的规律以及抛光后的显微照片

(a)表面粗糙度随抛光压力变化的规律; (b)抛光压力为 0.5 MPa 抛光 1 h 后;

(c)抛光压力为 1 MPa 抛光 1 h 后; (d)抛光压力为 1.5 MPa 抛光 1 h 后;

(e)抛光压力为 2 MPa 抛光 1 h 后; (f)抛光压力为 2 MPa 抛光 2 h 后

继续将抛光压力增大至 2 MPa 时,金刚石试件的表面粗糙度没有太大变化。化学机械抛光过程是机械作用和化学作用协同的过程,当两者的作用平衡时可以达到最好的抛光效果。抛光压力过大时,机械作用过强,超出了化学作用活化金刚石表面碳原子的速度,不能实现表面粗糙度的进一步降低。此外,采用 2 MPa 的抛光压力抛光金刚石 1 h 后,金刚石试件的边缘出现了破碎的迹象,如图 4.1(e)所示。为了进一步研究这种边缘破损现象,在 2 MPa 的抛光压力下继续抛光金刚石试件 1 h,得到了图 4.1(f)。可以看到,经过 2 h 的抛光,金刚石试件的边缘出现了严重的破损,说明抛光压力为 2 MPa 时,磨粒对金刚石试件边缘产生了过大的冲击,导致了材料的局部破碎和剥落。

根据上述分析,抛光压力为 1.5 MPa 时对金刚石试件进行化学机械抛光,可以在 1 h 内去除大部分研磨过程中产生的表面凹坑,显著改善金刚石试件的表面质量,同时保持了金刚石试件的边缘完整性,因此适合金刚石 CMP 的抛光压力为 1.5 MPa。

二、抛光盘转速对金刚石 CMP 效果的影响

化学机械抛光过程中,抛光盘转速也是影响金刚石表面质量的一个重要工艺参数。抛光盘转速还会通过改变试件和抛光盘之间的流体动压来改变磨粒和试件的接触状态,进而影响抛光过程,因此研究抛光盘转速对金刚石 CMP 的影响是必要的。

实验中使用的金刚石试件是经过粗研磨和精研磨处理过的,表面粗糙度为 3～4 nm。根据本书第 3 章提出的抛光液组成来配制 Fenton 抛光液。使用尺寸为 Φ 300 mm 的光滑玻璃盘作为抛光盘,抛光压力为 1.5 MPa,抛光盘转速分别为 20 r/min、40 r/min、60 r/min 和 80 r/min,抛光时间为 1 h。抛光实验结束后,按照前文的方法从载物盘上卸下金刚石并清洗干净。采用 New view 5022 型 3D 表面轮廓仪测量不同抛光盘转速条件下抛光后的金刚石实际表面粗糙度,并使用 VHX-600E 型超景深显微镜拍摄抛光后的金刚石试件表面显微图片,如图 4.2 所示。

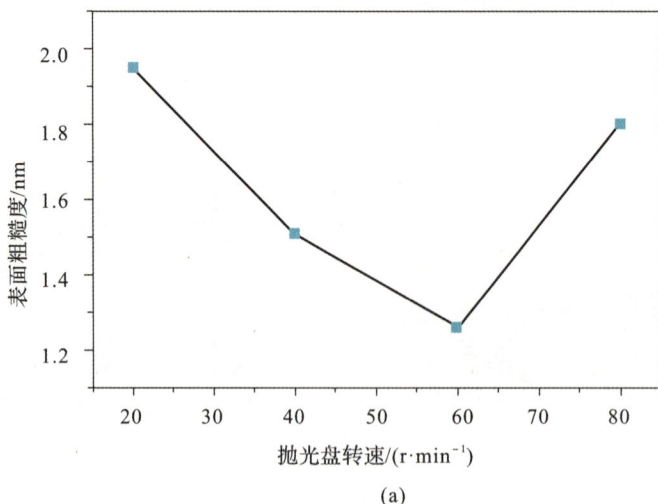

(a)

图 4.2 金刚石表面粗糙度随抛光盘转速变化的规律以及抛光后的显微照片
(a)抛光后金刚石的表面粗糙度随抛光盘转速变化的规律

(b)

(c)

(d)

(e)

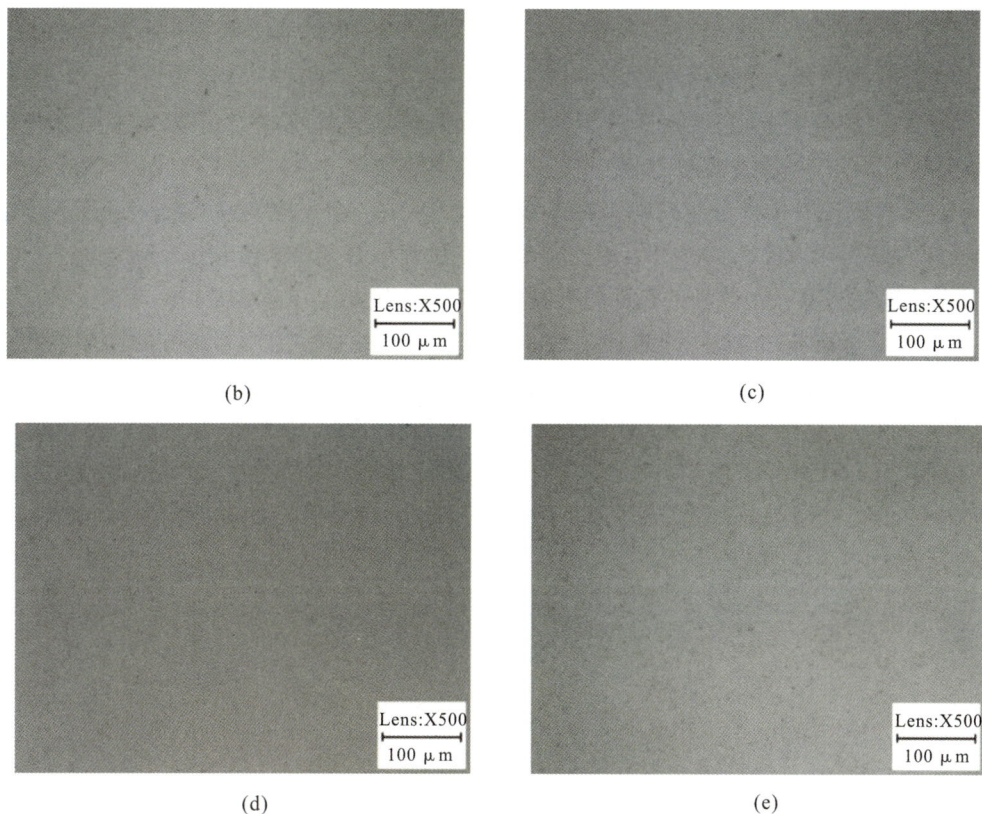

续图 4.2　金刚石表面粗糙度随抛光盘转速变化的规律以及抛光后的显微照片

(b)20 r/min 抛光盘转速下抛光 1 h 后的显微照片；　(c)40 r/min 抛光盘转速下抛光 1 h 后的显微照片；

(d)60 r/min 抛光盘转速下抛光 1 h 后的显微照片；　(e)80 r/min 抛光盘转速下抛光 1 h 后的显微照片

抛光盘转速从 20 r/min 增大到 60 r/min 时,金刚石试件表面质量随之改善,表面粗糙度值逐步降低。随着抛光盘转速的增加,单位时间内磨料划擦工件表面的次数增加,可以更高频率地对金刚石试件表面的碳碳键施加剪切作用,增加了表面的微凸峰的去除效率,使表面粗糙度进一步降低。当抛光盘转速为 60 r/min 时,抛光后的金刚石试件表面粗糙度最低(为 1.26 nm)。抛光盘转速继续增加,金刚石试件表面质量却出现了下降,当抛光盘转速为 80 r/min 时,抛光后表面粗糙度为 2.20 nm。这是由于抛光盘转速过高,在离心力作用下大量抛光液被甩溅至抛光盘的外侧,不能充分地与试件接触,影响试件的化学反应的发生。另外,根据很多学者的研究[209-212],抛光中抛光盘转速很大时,随着流体动压的增大,抛光盘-磨粒-试件的界面摩擦力会减小,从而一定程度上影响材料的去除。从显微照片中也可以清楚地看到,当抛光盘转速为 20～60 r/min 时,表面的损伤先随着抛光盘转速的增加而变小;在抛光盘转速超过 60 r/min 后表面损伤又有所增大,其变化规律和表面粗糙度数据相吻合。

根据上述分析,60 r/min 为金刚石化学机械抛光工艺的最优抛光盘转速,此时金刚石表面因研磨产生的凹坑损伤可以快速地减少,抛光后获得的表面粗糙度值最低,可以在

60 min 内降至 1.26 nm。

三、抛光时间对金刚石 CMP 效果的影响

为了进一步研究金刚石的 CMP 工艺,确定最佳的抛光时间,本节根据本书第 3 章提出的抛光液组成,用双氧水、硫酸亚铁、聚乙二醇和粒径为 0.5～1 μm 的金刚石微粉来配制 Fenton 抛光液,并在前两节优选的工艺参数(压力为 1.5 MPa,转速为 60 r/min)下对单晶金刚石试件进行 180 min 的抛光。抛光前和抛光过程中每隔 60 min 用 New view 5022 型 3D 表面轮廓仪测量一次试件的表面粗糙度,测量范围为 283 μm×212 μm。

图 4.3 为金刚石的表面粗糙度随着抛光时间的变化规律。金刚石试件的初始表面粗糙度为 3.43 nm,在抛光过程为 0～60 min 时,金刚石试件表面粗糙度迅速地降至 1.25 nm。在接下来的 60 min 里,金刚石试件的表面粗糙度继续下降,降至 0.70 nm。再继续抛光 60 min 后,金刚石试件的表面粗糙度不再有明显的下降,基本维持在 0.7 nm 左右,因此金刚石 CMP 的最佳抛光时间为 120 min。抛光 120 min 后金刚石的表面轮廓和粗糙度如图 4.4 所示。

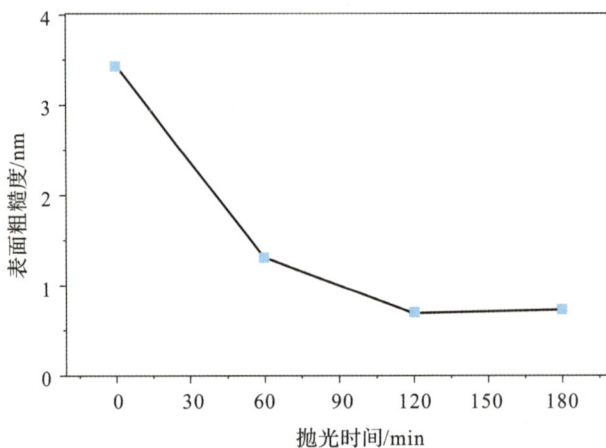

图 4.3 金刚石的表面粗糙度随抛光时间的变化规律

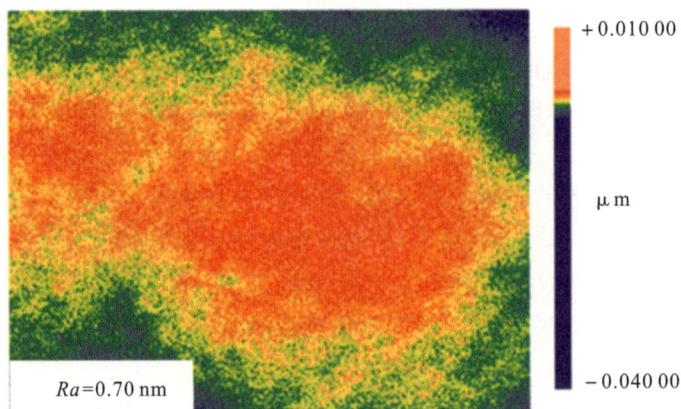

图 4.4 抛光 120 min 后金刚石的表面轮廓和粗糙度

从总体上来看,选用金刚石作为磨料、Fenton 试剂作为氧化剂,在 1.5 MPa 的压力、60 r/min 的转速下,可以在 120 min 内快速地将金刚石表面粗糙度从 3.5 nm 左右降至 0.7 nm 左右。

4.2　金刚石的常温 CMP 组合工艺方法

为了进一步改善金刚石的表面质量,采用以硅溶胶为主要成分的抛光液对金刚石进行精抛光,作为对使用 Fenton 抛光液的抛光工艺的补充,本节提出粗精结合的金刚石常温 CMP 组合工艺方法。

一、金刚石的精抛光实验和抛光时间选择

精抛光实验中使用的是 FUJIMI 公司生产的粒径为 80 nm 的硅溶胶。由于亚铁离子会破坏硅溶胶的稳定性[213],所以精抛光中选择双氧水作为氧化剂,而没有选择 Fenton 试剂。依照硅溶胶浓度 20%(质量分数)、H_2O_2 浓度 10%(质量分数)的配比来配制抛光液。在本书后面的内容中将该抛光液简称为硅溶胶抛光液。在抛光压力为 1 MPa、抛光盘转速为 60 r/min 的工艺参数下,对粗抛光后的金刚石试件进行 180 min 的化学机械抛光。在抛光过程中,每隔 1 h 用 New view 5022 型 3D 表面轮廓仪检测一次试件的表面粗糙度,测量范围为 283 μm×212 μm。

图 4.5 为精抛光过程中金刚石的表面粗糙度随抛光时间的变化规律。在抛光过程进行 60 min 后,金刚石的表面粗糙度从粗抛光后的 0.70 nm 降至 0.49 nm。在 60～120 min 的抛光阶段,金刚石的表面粗糙度的降速有所放缓,逐步降低到 0.39 nm。再继续抛光 60 min 后,金刚石的表面粗糙度值没有发生明显的变化。可见,120 min 是合适的精抛光工艺时间,精抛光后金刚石的表面轮廓和粗糙度如图 4.6 所示。

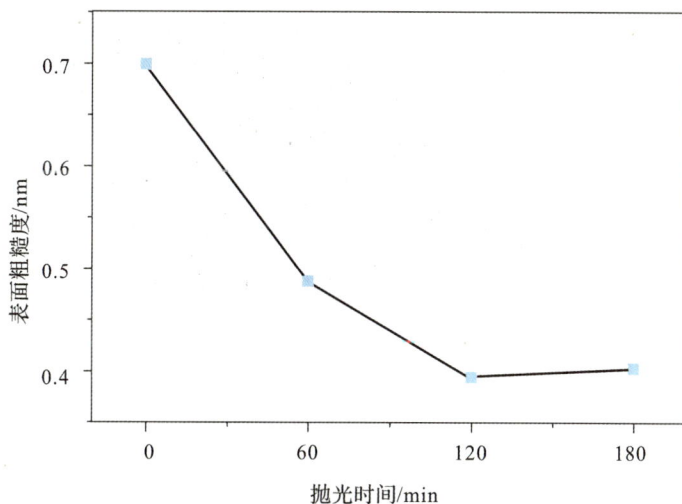

图 4.5　精抛过程中金刚石的表面粗糙度随抛光时间的变化规律

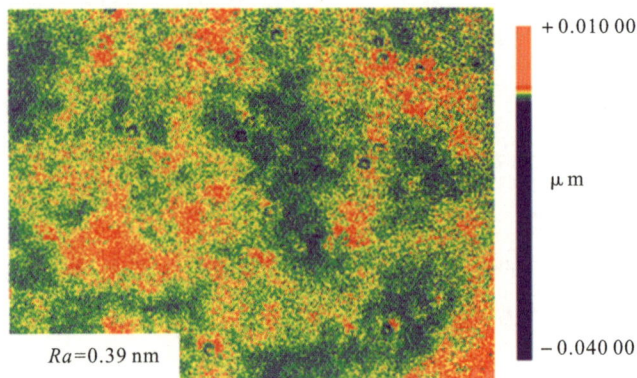

$Ra=0.39 \text{ nm}$

图 4.6　精抛后金刚石的表面轮廓和粗糙度

二、采用 CMP 组合工艺方法抛光后金刚石表面的检测

采用 Fenton 抛光液和硅溶胶两种抛光液依次对金刚石试件进行粗抛光和精抛光,抛光时间均为 2 h,对抛光后金刚石试样进行检测,以评估该常温 CMP 组合工艺方法的抛光效果。为了更好地和文献[22]中的抛光方法进行比较,使用了垂直分辨率为 0.01 nm 的 XE - 200 型原子力显微镜(见图 4.7)在相同的测量范围(10 μm×10 μm)来测量采用组合工艺加工后最终获得的金刚石试件的表面粗糙度。原子力显微镜可以通过微型力敏感元件检测到试件表面和探针尖端之间微弱的原子间作用力,并根据作用力的分布,得到试件表面的结构形貌特征及粗糙度等信息,适用于包含绝缘体在内的各类材质的固体表面的检测。此外,为了解经过研磨和抛光工艺处理后金刚石的边缘是否完整,用 VHX - 600E 型超景深显微镜拍摄加工后试件边缘的显微图片。

图 4.7　XE - 200 型原子力显微镜

原始的金刚石表面存在许多沟槽,且这些沟槽大致呈平行分布。沿着沟槽方向和垂直

于沟槽方向观察其线轮廓,发现平行于沟槽的线轮廓起伏较小,而垂直于沟槽方向的线轮廓明显凹凸不平,且沟槽的深度为 1~2 nm,如图 4.8(a)所示。图 4.8(b)为采用组合工艺方法抛光后金刚石表面的 AFM 形貌。金刚石表面的沟槽几乎完全被去除,表面平整,这是因为化学机械抛光中磨料在做无规则运动,不会在金刚石表面产生定向的划擦损伤。抛光后其面粗糙度被降到了 0.166 nm,十分光滑。同时,两条线轮廓起伏非常小,纵向特征尺寸在亚纳米级,线粗糙度分别为 0.080 nm 和 0.082 nm。此外,抛光后金刚石边缘部分也十分完整,没有发生破损,如图 4.9 所示。

文献[22]在 50 ℃ 的局部加热条件下使用高铁酸钾抛光液抛光金刚石,抛光 8 h 后获得了 $Ra = 0.187$ nm 的光滑表面(测量区域也是 10 $\mu m \times 10$ μm)。采用本书提出的 CMP 组合工艺方法时,在常温下对金刚石进行 2 h 的粗抛光和 2 h 的精抛光就可以获得表面质量相接近的金刚石表面,抛光效率提高了 50%。以上检测结果说明,通过粗精结合的常温 CMP 组合工艺方法可以获得超光滑的金刚石表面。

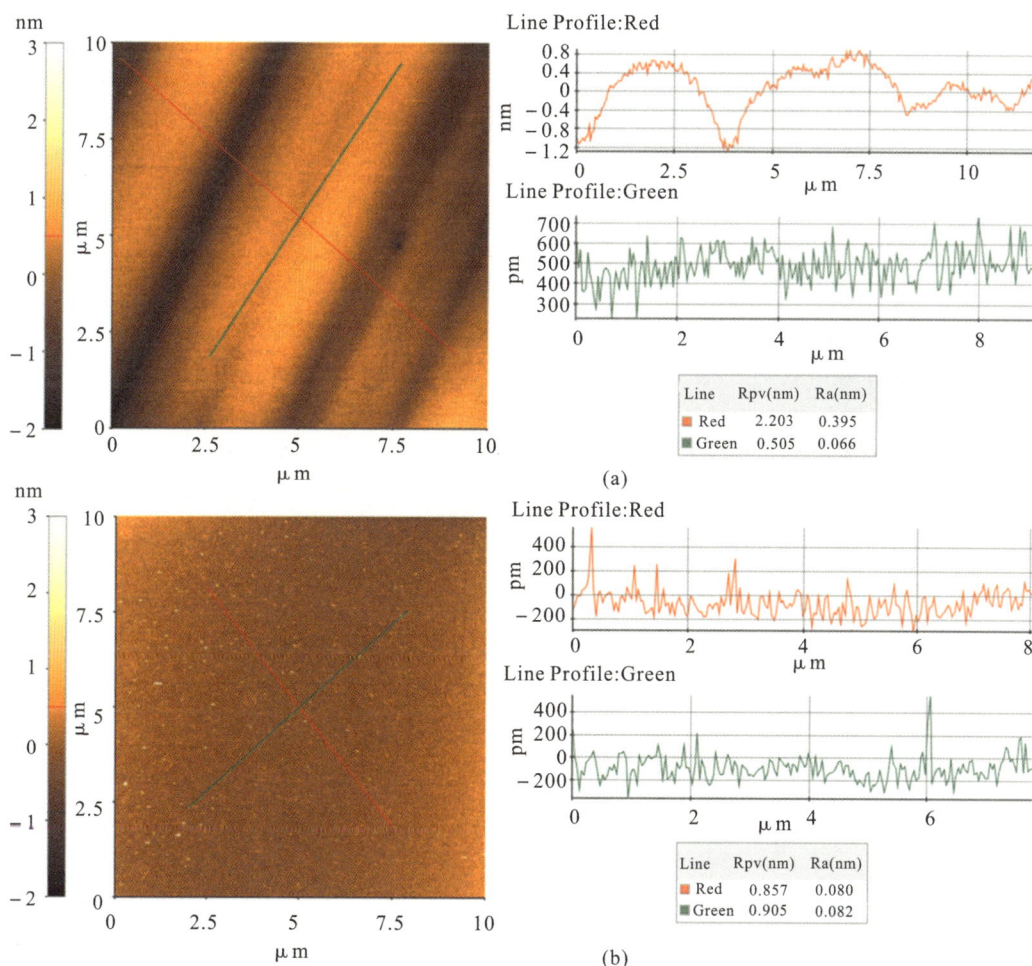

图 4.8 金刚石表面的 AFM 形貌图

(a)原始金刚石表面; (b)组合工艺抛光后的金刚石表面

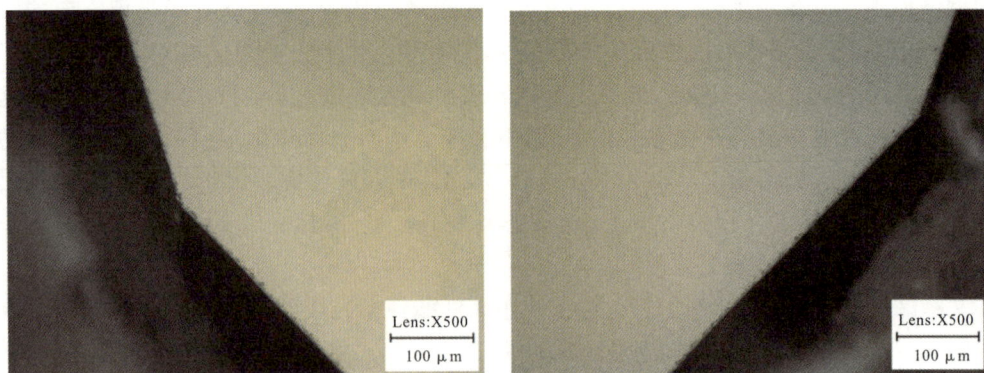

图 4.9　采用组合工艺加工后的金刚石试件边缘的显微照片

4.3　本章小结

　　采用自行研制的抛光液,进行金刚石常温 CMP 工艺实验,优选了合理工艺参数:抛光压力和抛光盘转速分别为 1.5 MPa 和 60 r/min。在此工艺参数条件下,采用自行研制的抛光液对金刚石进行常温 CMP,可以快速地改善金刚石的表面质量,其表面粗糙度在 2 h 内就从 3.5 nm 左右降到了 0.7 nm 左右,是一种快速高效地改善金刚石表面质量的常温抛光方法。为了进一步提高金刚石表面质量,又使用硅溶胶抛光液对金刚石继续进行了精抛光,建立了可兼顾抛光效率和表面质量的金刚石常温 CMP 组合工艺方法。结果表明,采用 Fenton 抛光液和硅溶胶两种抛光液依次对金刚石试件进行粗抛光和精抛光各 2 h 后,获得了 $Ra=0.4$ nm 以下的超光滑表面,局部区域($10~\mu m \times 10~\mu m$)的表面粗糙度更是达到了 0.166 nm。与现有的采用高铁酸钾抛光液的局部加热式 CMP 工艺方法(抛光 8 h 后,金刚石表面粗糙度达到 0.187 nm)相比,在获得相近表面粗糙度的情况下,本书采用的常温 CMP 组合工艺方法可节省约 50% 的抛光时间。

第5章 基于 Fenton 抛光液的金刚石 CMP 中的机械作用和氧化作用

在传统的化学机械抛光过程中,试件与抛光液中的氧化剂发生化学反应,生成一层软质层,再配合抛光垫和磨粒的机械作用去除软质层达到抛光的目的。但是,由于金刚石的化学性质十分稳定,它无法在氧化剂的作用下生成一定厚度的软质层,而是在表层发生化学吸附,所以金刚石的材料去除机理也和其他材料有所不同。本书的第 2 章模拟了金刚石在·OH 环境中化学吸附和在 CMP 过程中材料去除的微观细节,揭示了碳原子去除的几种形式并建立了材料去除模型,但是没有阐明氧化剂和机械划擦是如何在抛光中发挥作用的具体细节,本章将对这部分内容做进一步的讲述。

由于本书精抛光中的所使用的硅溶胶是抛光中常用的抛光液,该体系下的金刚石的材料去除机理学者已经做了相关的研究[88],所以本章主要关注的是常温下使用 Fenton 抛光液抛光金刚石过程中的材料去除机制。金刚石的化学机械抛光过程十分复杂,其中原子尺度的物理化学现象以及化学反应中间产物很难通过实验观察和检测。而分子动力学模拟可以通过跟踪体系中的每个粒子,可视化材料去除的细节,是一种可以揭示材料的原子级微观去除机理的方法。因此,本章采用实验研究和基于 ReaxFF 力场的分子动力学模拟相结合的手段,分析了机械划擦的引入和 Fenton 试剂的加入对于抛光过程的影响,揭示机械划擦在金刚石常温 CMP 中的两种作用以及 Fenton 试剂促进碳原子去除的内在机制。此外,通过 X 射线光电子能谱检测了抛光前后金刚石的表面成分,证实金刚石在 CMP 过程中被氧化,表面产生了含氧基团。

5.1 金刚石化学机械抛光中的机械作用

本节通过实验和模拟的方法对比 Fenton 试剂环境中的金刚石在有/无磨粒划擦时的表面状态,阐明机械作用在金刚石的材料去除过程中的必要性。此外,通过分子动力学模拟研究了不同载荷下的界面摩擦和碳原子的移动距离,分析机械作用的大小对金刚石 CMP 的影响。

一、实验研究机械作用对金刚石化学机械抛光的影响

为了研究机械作用的影响,笔者设计了一组纯化学腐蚀实验,以此作为对照组与化学机械抛光过程进行对比。为了更好地观察腐蚀前后和抛光前后表面形貌的变化,选择了一

个有明显特征(表面有一道较长的划痕)的金刚石作为试件,如图 5.1(a)所示。

在腐蚀实验中,首先取 2 个容量为 200 mL 的烧杯,分别按照 20%(质量分数)和 1%(质量分数)的浓度配制双氧水和硫酸亚铁溶液各 100 mL。将有划痕的金刚石试件放在一个容积为 1 000 mL 的烧杯中央的小凸台上,用两个蠕动泵分别吸取双氧水和硫酸亚铁溶液并滴向试件表面,多余的液体会顺着凸台流入大烧杯中。两种溶液在试件表面混合后发生 Fenton 反应,随着持续的滴加,反应持续进行并不断地产生羟基自由基,保证金刚石表面稳定的氧化环境。由于 Fenton 反应是放热反应,为了使热量及时散去,所以尽量选用较大的烧杯作为反应容器。腐蚀实验进行 1 h 后,用镊子夹取金刚石试件,清洗并吹干后采用 VHX-600E 型超景深显微镜拍摄其表面的显微照片。

化学机械抛光实验中,按照和腐蚀实验中相同的浓度来配制双氧水和硫酸亚铁溶液。在双氧水中添加 3 g 的金刚石微粉作为磨料,得到 Fenton 抛光液的 A 组分。硫酸亚铁溶液为 Fenton 抛光液的 B 组分。按照第 4 章优选的工艺参数对金刚石进行 1 h 的化学机械抛光,期间持续地用两个蠕动泵向抛光盘分别滴加 A 组分和 B 组分。抛光结束后用 VHX-600E 型超景深显微镜拍摄试件的显微照片。

图 5.1 为初始时、化学腐蚀后和化学机械抛光后金刚石的显微照片。经 Fenton 试剂腐蚀 1 h 后,金刚石表面形貌几乎没有变化,划痕的长度、深度都基本和原始试件一致。这表明,金刚石表面材料没有在氧化腐蚀作用下被去除。而经过 1 h 的化学机械抛光后,金刚石表面的划痕明显变浅,其他地方的损伤也有所减少,说明金刚石表层的一部分材料被去除。该对比实验表明了单一的化学作用不足以实现对金刚石的材料去除,机械作用在化学机械抛光中是必不可少的。

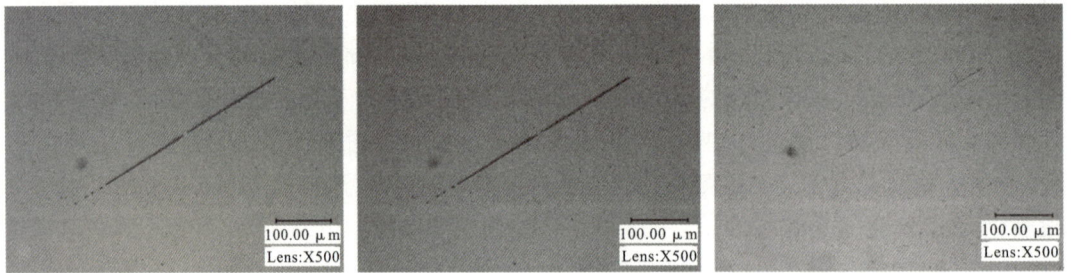

图 5.1 初始时、化学腐蚀后和化学机械抛光后金刚石的显微照片
(a)初始试件; (b)腐蚀后的试件; (c)化学机械抛光后的试件

二、分子动力学模拟研究机械作用对金刚石化学机械抛光的影响

建立 Fenton 试剂和金刚石基体相互作用的模型,来模拟 Fenton 试剂对金刚石的腐蚀过程。该模型由金刚石基体以及上方的 3 个铁原子、30 个 H_2O_2 分子和 200 个 H_2O 组成,如图 5.2(a)所示。整个模型的尺寸为 28 Å×28 Å×24 Å。其中,金刚石基体模型是由 1 536 个碳原子构成的理想(100)单晶金刚石驰豫后获得的,其表面的碳原子发生了重构。将基体下方的三层原子为固定层,在整个模拟过程中保持固定。在 NVT 系综下,使金刚石和 Fenton 试剂相互作用 200 ps,采用 Berendsen 热浴法控制体系温度为 300 K。

在腐蚀模型上方构建一个包含 1 536 个碳原子的金刚石晶体作为磨粒,共同组成尺寸为 28 Å×28 Å×36 Å 的化学机械抛光模型,如图 5.2(b)所示。图中对不同种类的原子用不同的颜色作出标记,本章其余图片中原子类型和颜色也有相同的对应关系。模型的 x、y 方向均采用周期边界条件,z 方向采用固定边界条件。将金刚石基体下方的三层原子设置为固定层,磨粒最上方的三层原子设置为刚性移动层。其他仿真参数如表 5.1 所示。

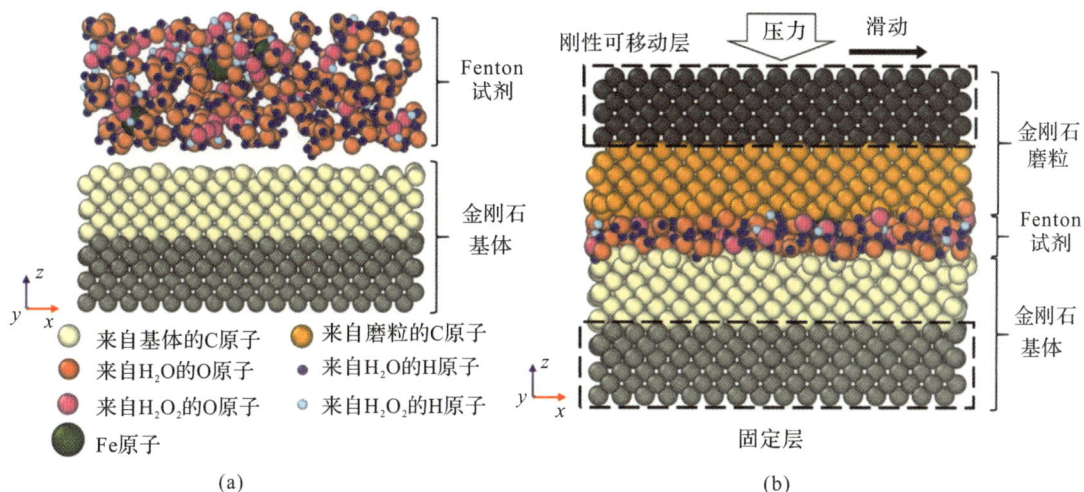

图 5.2　金刚石在 Fenton 环境下的分子动力学模拟的模型

(a)Fenton 试剂环境下金刚石的腐蚀模型;　(b)Fenton 试剂环境下金刚石的 CMP 模型

表 5.1　分子动力学模拟金刚石化学机械抛光过程中的参数

模拟条件	参数
系综	NVT
滑动速度/(m·s^{-1})	50
温度/K	300
控温方法	Nose-Hoover 热浴[214]
阻尼系数/fs	25
时间步长/fs	0.25

化学机械抛光的模拟过程分三个步骤进行:①磨粒以 100 m/s 的速度沿 z 轴的负方向移动,挤压 Fenton 试剂和金刚石基体,直至载荷增大到 3 GPa 时停止 z 方向的移动;②对加载后的体系进行 100 ps 的驰豫;③磨粒以 50 m/s 的速度沿 x 轴正方向运动 200 ps。

腐蚀后和 CMP 后的金刚石基体模型分别如图 5.3(a)(b)所示,其中 $d>2$ Å 的碳原子用粉色标记。统计腐蚀过程中和 CMP 过程中 $d>2$ Å 的碳原子的数目,来描述碳原子的去除随时间的变化规律,如图 5.4 所示。在没有加入磨粒划擦作用的纯腐蚀模拟过程中,基体中没有一个碳原子的移动距离超过 2 Å,这表明金刚石的化学性质十分稳定,仅通过单一的

Fenton 试剂的氧化作用不能使碳原子从金刚石基体上脱落、实现材料去除。而加入磨粒划擦后的化学机械抛光过程的模拟中,随着时间的推移,$d>2$ Å 的碳原子数目逐步增多,通过磨粒的划擦金刚石表面的部分碳原子在剪切作用下脱离基体,说明机械作用对于金刚石的材料去除是必要的。

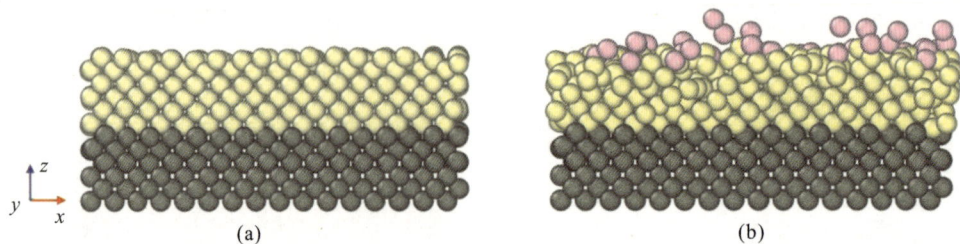

图 5.3　模拟过程结束后的金刚石基体模型

(a)腐蚀后；　(b)化学机械抛光后

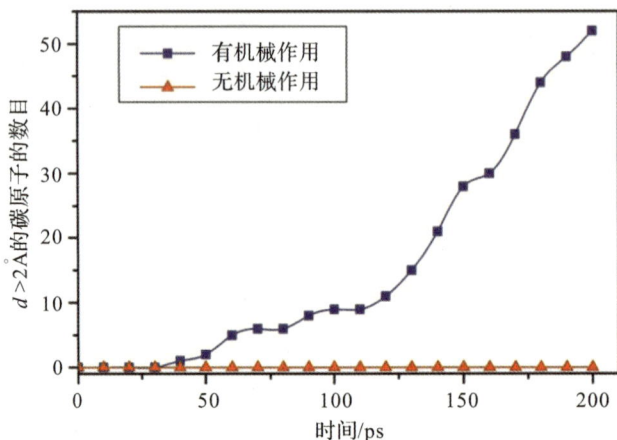

图 5.4　在 $d>2$ Å 的碳原子数目

此外,还研究了机械作用对于金刚石表面化学状态的影响。图 5.5 为经 Fenton 试剂腐蚀后和在 Fenton 试剂环境下 CMP 后的金刚石基体表面的化学状态,图中原子类型与颜色之间的对应关系和图 5.2 相同。

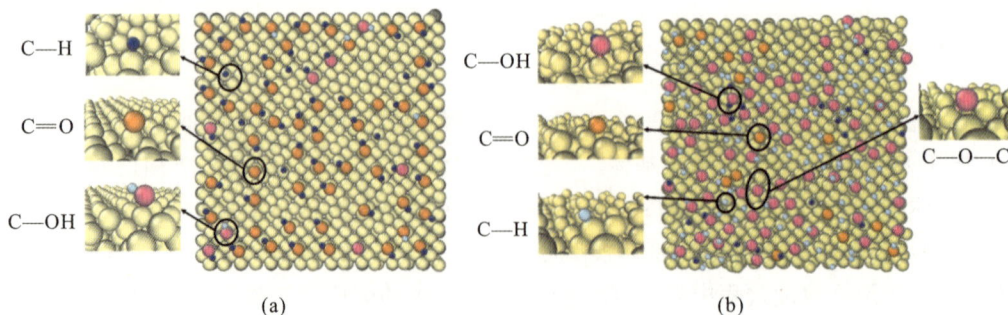

图 5.5　金刚石基体的表面化学状态

(a)腐蚀后；　(b)化学机械抛光后

在单纯的腐蚀作用下,金刚石表面通过化学吸附生成了 $C=O$、$C-OH$ 和 $C-H$ 等结构,但是没有 $C-O-C$ 生成,这一现象不同于 Si 的化学吸附。Wen 等[178]在研究 Si 的各个晶面的化学吸附时发现,吸附在 Si 表面上的羟基可以解离并打破 $Si-Si$ 键,从而形成 $Si-O-Si$ 键。然而,金刚石稳定的化学性质使 $C-C$ 在单纯的化学作用下很难发生断裂,因此在 Fenton 试剂的氧化作用下没有生成 $C-O-C$。而在加入磨粒的滑动后,金刚石表面的 $C-C$ 键在机械剪切作用下被弱化,更容易与具有强氧化性的 ·OH 发生反应,从而在表面生成了 $C-O-C$。图 5.6 为金刚石表面的其中一个 $C-O-C$ 的产生过程,图中用红色标记了相关的碳原子,用绿色标记了相关的氧原子,用黄绿色标记了相关的氢原子,其余原子类型与颜色之间的对应关系和图 5.2 相同。在 180 ps 时,C^{12} 原子和旁边的 C^{11} 原子相连,同时它和上方的 O^6H^1 基团相连构成了 $C^{12}-O^6H^1$。此外,C^{11} 原子和 C^{12} 原子附近有一个 O^7 原子和 H^2 原子构成的 O^7H^2,O^7H^2 随着磨粒的滑动在摩擦力作用下逐渐接近 H^1 原子(183 ps)。在 185 ps 时,H^1 原子脱离 O^6 原子并和 O^7H^2 成键,生成水分子。同时,在磨粒的挤压和划擦下,$C^{11}-C^{12}$ 键被剪切断裂,而失去了氢原子的 O^6 原子和 C^{11} 之间形成共价键,最终生成了 $C^{11}-O^6-C^{12}$。CO_2 分子中两个氧原子共价连接于碳原子的两侧,$C-O-C$ 键的形成为 CO_2 的生成提供了条件。该种生成 CO_2 形式而去除碳原子的过程在第 2.2 节中做出了描述,结合图 2.12(c)重新绘制了 CO_2 生成过程的示意图,如图 5.7 所示。因此,在金刚石 CMP 过程中,磨粒划擦除了剪切去除碳原子的作用以外,还有促使基体表面产生 $C-O-C$ 的作用,有利于碳原子被氧化生成 CO_2。

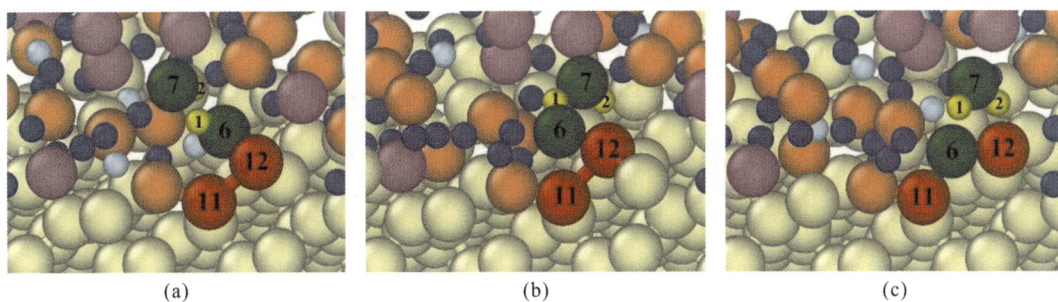

(a)　　　　　　　　　　(b)　　　　　　　　　　(c)

图 5.6　基体表面 $C-O-C$ 的形成过程
(a)180 ps;　(b)183 ps;　(c)185 ps

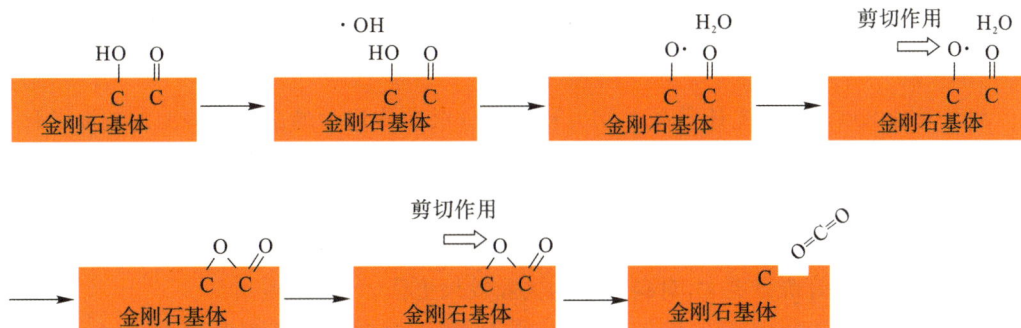

图 5.7　金刚石表面形成 $C-O-C$ 和生成 CO_2 的示意图

为了进一步研究机械作用的大小对材料去除的影响,又模拟了载荷为 2 GPa 时的金刚石化学机械抛光过程,与前文中 3 GPa 载荷下的抛光进行对比。磨粒滑动过程中,与基体表面之间产生摩擦力,当摩擦力大到足以打破基体的 C—C 键结合时,表层上的碳原子就被从表面上移除[215],因此摩擦力与材料的去除有直接的关系,这里对不同载荷下的摩擦力和碳原子的去除数目做了分析、比较。在模拟过程中,可以计算出金刚石基体中每个原子的受力。通过计算金刚石基体的所有原子受到的沿 x 轴方向的作用力分量的总和得到界面摩擦力 F_x。

图 5.8 为不同载荷下界面摩擦力随时间的变化规律。载荷为 2 GPa 时的界面摩擦力小于载荷为 3 GPa 时的摩擦力,摩擦力与载荷呈正相关性。图中摩擦力的波动可以从固体表面势能场的周期性变化来解释。基于固体摩擦能量耗散机理,Tomlinson[216] 提出了独立振子(Independent Osciuator,IO)模型。在相对滑动过程中,随着微观相对位置的变化,界面原子的总势能也会随之变化。原子初始处于势能局部最低点,当滑动速度较固体变形弛豫的速度小很多时,综合势能变化不大,界面原子平稳滑动,而当周期势场的幅值较大时,界面原子出现失稳,越过势能局部最高点并跳跃到下一局部最低点。经历失稳跳跃后,宏观振子的能量一部分以声能和材料内耗等形式耗散,其余的能量则转换为机械振动能。而机械振动使滑动接触的界面势垒发生变化,进而影响摩擦力的大小,使之在滑动过程中出现波动[216-218]。

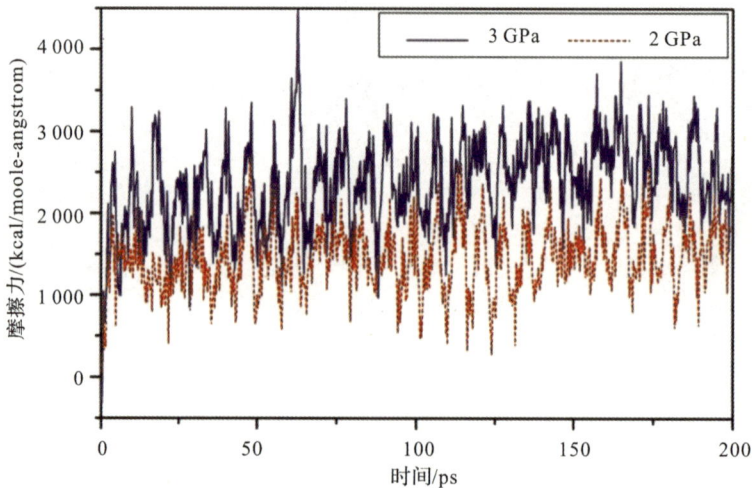

图 5.8　不同压力下界面摩擦力随滑动时间的变化

磨粒滑动 200 ps 后,统计了在 2 GPa 和 3 GPa 载荷作用下的金刚石表面的碳原子移动距离,结果如图 5.9 所示。2 GPa 的载荷作用后移动距离大于 2 Å 的碳原子的数目为 5 个,远小于在 3 GPa 载荷的作用下的 51 个,两者之间的显著差异说明了机械作用的强弱对化学机械抛光中材料的去除至关重要。载荷越大,磨粒和基体间的摩擦力也越大,施加在基体表面碳原子上的剪切力更大,对碳原子的去除效果更强。

在对 Si/SiO_2 界面[167]和 $a\text{-}SiO_2/a\text{-}SiO_2$ 界面[219]的摩擦学研究中发现 Si—O—Si 桥键的产生增加了摩擦力。由于金刚石和硅、二氧化硅结构上的相似性,所以推测金刚石抛光过程中摩擦力随载荷的增加归因于 C—O—C 界面桥键的形成。通过快照捕捉原子动态来观察界面之间原子的成键,当金刚石磨粒和基体在载荷作用下相互挤压并同时相对运动时,两者之间会产生 C—O—C 桥键,如图 5.10(a)所示,图中原子类型与颜色之间的对应关系和图 5.2 相同。此外,统计了不同荷载作用下滑动 200 ps 后界面处的 C—O—C 键的数目,如图 5.10(b)所示,载荷为 3 GPa 时的 C—O—C 桥键明显地多于载荷为 2 GPa 时的。C—O—C 键是在摩擦化学反应过程中形成的,使金刚石基体与磨粒共价连接,当载荷较大时,金刚石基体表面的一些碳原子还可以直接与磨粒表面的碳原子结合形成 C—C 键,如图 5.10(a)所示,这些桥键的产生会使界面摩擦力增大。

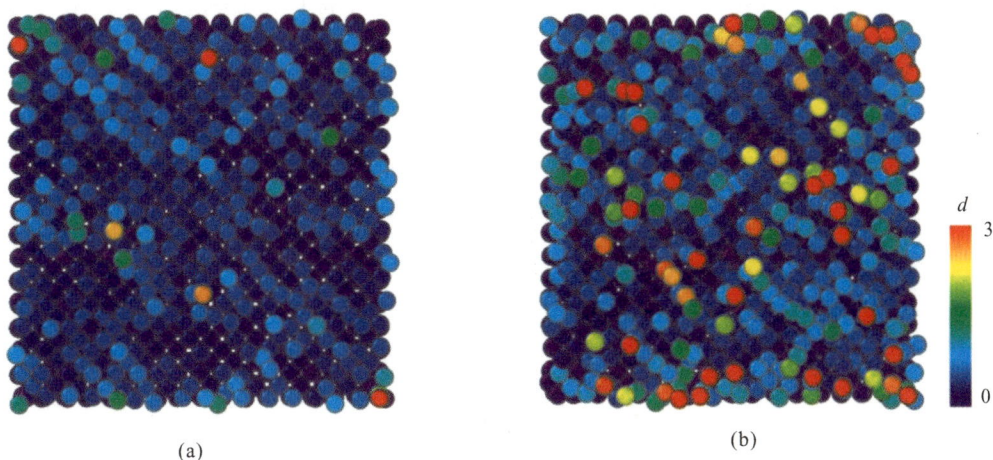

图 5.9　磨粒滑动后金刚石表面碳原子的移动距离
(a)载荷为 2 GPa 时;　(b)载荷为 3 GPa 时

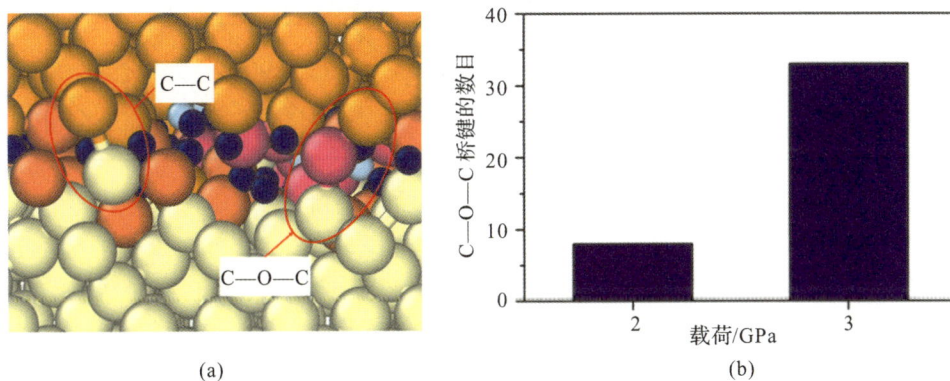

图 5.10　界面桥键的结构的数目
(a)界面桥键 C—C 和 C—O—C;　(b)不同载荷下 C—O—C 桥键的数目

5.2　金刚石化学机械抛光中的氧化作用

本节使用添加 Fenton 试剂的抛光液和不添加 Fenton 试剂的抛光液分别抛光金刚石,对比两种情况下金刚石的材料去除率。另外,通过基于 ReaxFF 力场的分子动力学模拟分析 Fenton 试剂对金刚石的氧化效果,讨论 Fenton 试剂影响金刚石材料去除的内在原因。

一、实验研究氧化剂对金刚石化学机械抛光的影响

研究氧化剂的添加对金刚石材料去除率的影响的工艺实验在 UNIPOL-1200S 自动压力研磨抛光机上进行。实验中使用的金刚石试件是经过粗研磨和精研磨预处理过的,处理后的表面粗糙度为 3~4 nm。

极高的硬度和化学稳定性导致金刚石的加工极为困难,材料去除率极低。因此,金刚石加工尤其是精加工阶段的材料去除率的测量一直是个难点。称重法是传统的去除率测量方法,分别称量加工前后的试件重量,然后通过求差值获得材料去除率。在金刚石 CMP 中,金刚石粘贴于载物盘上,连同载物盘称重会导致很大的测量误差,而把试件从载物盘卸下来后再称重需要卸片、清洗等操作,过于复杂,且无法连续地进行加工和测量。因此,传统的称重法不适合金刚石去除率的测量。近年来,学者提出了一种轮廓测量法来测量材料去除率。在试件表面划刻出一道沟槽,然后采用轮廓仪或显微镜测出抛光前后的沟槽深度,计算沟槽深度的差值得到去除的材料厚度,单位时间去除的厚度即为材料去除率,计算公式为

$$\mathrm{MRR} = \frac{\Delta h}{t} = \frac{(h - h')}{t} \tag{5.1}$$

式中:MRR 代表材料去除率;h 和 h' 分别为抛光前、后的沟槽深度,如图 5.11 所示。

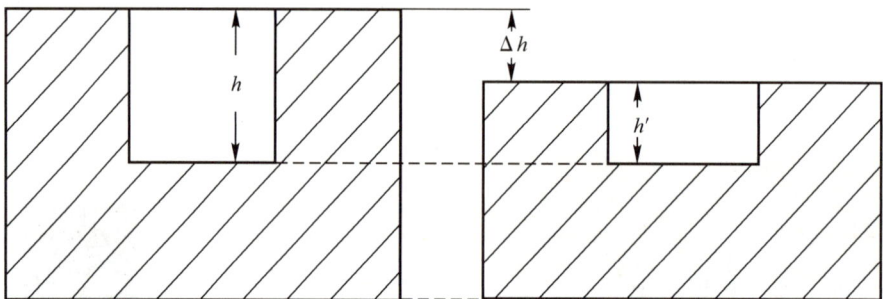

图 5.11　材料去除率测量的示意图

然而,由于金刚石的难加工特性,所以很难通过机械的方法在其表面划刻出整齐的沟槽,这里采用了离子束加工的方法在金刚石试件表面刻蚀出一个形状规整的凹槽,为后续的轮廓测量提供条件。离子束加工首先将离子束聚焦到纳米或者亚微米量级的小范围,然后再用高能离子束轰击试件表面来实现材料的去除,适合于各类材料的加工。实验中使用了美国 FEI 公司生产的 Helios G4 UX 型的双束聚焦离子束设备,如图 5.12 所示,它可以用于来加工复杂的图案,加工精度高、可操作性强。由于金刚石材料不导电,在刻蚀前先使用 Q150T 型的溅射/蒸镀一体化镀膜机[见图 5.13(a)]在金刚石表面蒸镀碳膜,使其导电,以方便刻蚀的进行。将蒸镀后的金刚石试件用导电胶粘在试件台上,放入聚焦离子束设备,抽真空后开始刻蚀。刻蚀实验中,设定结构尺寸为 20 μm×20 μm,工作电压为 30 kV,离子束电流为 20 nA,刻蚀深度为 30 μm(Si)。刻蚀结束后使用该设备自带的扫描电镜拍

摄出金刚石表面的凹槽形貌,如图 5.13(b)所示,可以看到凹槽的底面是平整的正方形,深度约为 9 μm。凹槽的侧面有一些竖条状的结构,这是由于试件的材料成分有差异或者表面存在起伏时会导致刻蚀速率的差异。

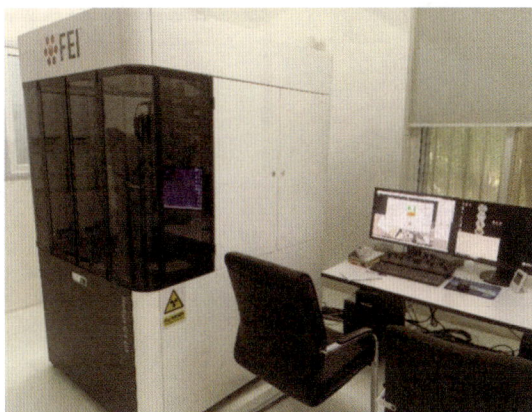

图 5.12　Helios G4 UX 型的双束聚焦离子束设备

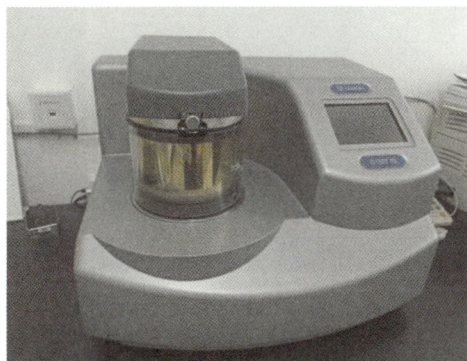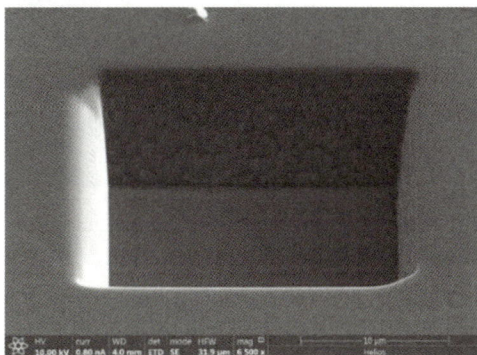

(a)　　　　　　　　　　　　　　　(b)

图 5.13　镀膜机和金刚石表面凹槽的 SEM 照片
(a)溅射/蒸镀一体化镀膜机;　(b)金刚石表面凹槽的 SEM 照片

　　化学机械抛光实验前,先对金刚石进行研磨处理,以便消除掉刻蚀前在表面蒸镀的碳层。之后,使用日本 KEYENCE 公司的 VK-X1000 型激光共聚焦显微镜(见图 5.14)来测量抛光前金刚石表面的正方形凹槽的深度,该设备的 z 方向分辨率为 0.5 nm,重复精度为 12 nm。在抛光实验过程中,根据前文中优选的工艺参数,设定抛光压力为 1.5 MPa,抛光盘转速为 60 r/min。用硫酸亚铁、双氧水和 0.5~1 μm 的金刚石微粉来配制 Fenton 抛光液,用同样粒径和浓度的金刚石微粉和去离子水来配制无氧化剂的抛光液。使用 Fenton 抛光液、无氧化剂的抛光液分别抛光单晶金刚石试件 100 min。抛光结束后,加热使环氧树脂胶软化后从载物盘上拿下金刚石试件,将其清洗干净,并再次使用激光共聚焦显微镜测量凹槽的深度。使用激光共聚焦显微镜配套的软件处理抛光前后的两张轮廓图,通过调整位置使两张轮廓图的正方形凹槽完全重合,对齐的过程如图 5.15(a)(b)所示。对齐后再测量截面轮廓,可以保证抛光前后的试件的测量在同一位置,从而抑制偏差。

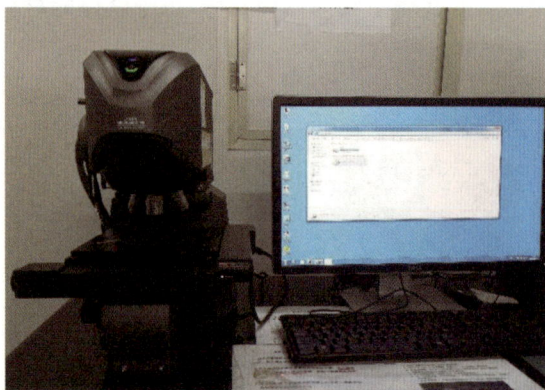

图 5.14　VK-X1000 型激光共聚焦显微镜

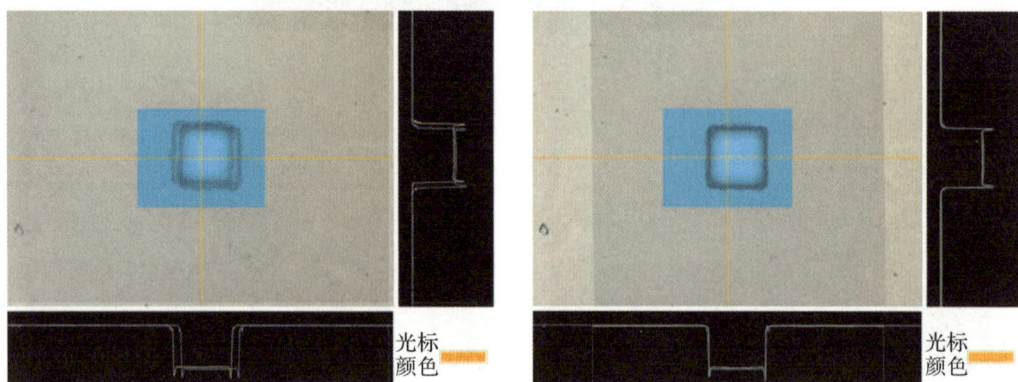

图 5.15　抛光前后的表面轮廓图的对齐过程

(a)对齐前;　(b)对齐后

使抛光前后的轮廓线底端对齐,采用平均差分法得到两条轮廓线上方的高度差,即为去除的金刚石的厚度。图 5.16 展示了使用两种抛光液时,抛光前后金刚石表面凹槽的截面轮廓线。当使用 Fenton 抛光液时,金刚石 CMP 的材料去除率为

$$\text{MRR} = \frac{\Delta h}{t} = \frac{712 \text{ nm}}{100 \text{ min}} = 7.12 \text{ nm/min}$$

而当使用无氧化剂的抛光液时,金刚石 CMP 的材料去除率为

$$\text{MRR} = \frac{\Delta h}{t} = \frac{334 \text{ nm}}{100 \text{ min}} = 3.34 \text{ nm/min},$$

前者是后者的两倍以上。这表明在抛光液中加入 Fenton 试剂可以显著地提高金刚石 CMP 的材料去除率。在抛光过程中,通过持续地滴加抛光液,可以使 H_2O_2 和 $FeSO_4$ 不断地发生 Fenton 反应生成·OH。电负性极强的·OH 通过氧化金刚石表面,使金刚石表层的一些 C—C 键被弱化从而更容易被去除。氧化反应对 C—C 键的弱化作用将在下一节通过基于 ReaxFF 力场的分子动力学模拟中的键级变化来分析。

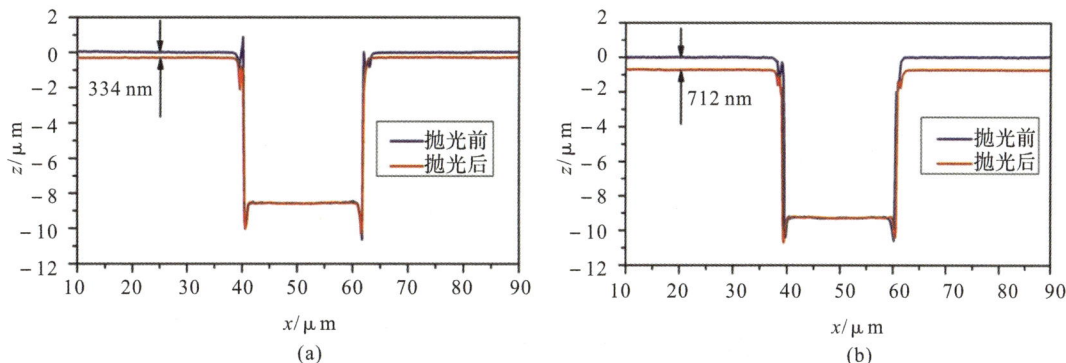

图 5.16　两种不同抛光液抛光前后的金刚石表面凹槽的轮廓
(a)Fenton 抛光液；　(b)无氧化剂的抛光液

二、分子动力学模拟研究氧化剂对金刚石化学机械抛光的影响

将 Fenton 试剂环境下金刚石的腐蚀模型[见图 5.2(a)]中的由 3 个 Fe 原子、30 个 H_2O_2 分子和 200 个 H_2O 组成的 Fenton 试剂替换为由 200 个 H_2O 组成的纯水,构建纯水和金刚石相互作用的模型,如图 5.17 所示。

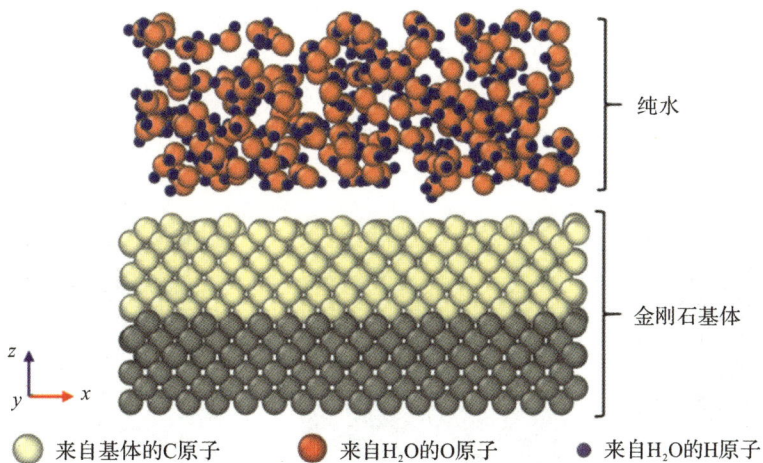

图 5.17　金刚石和纯水相互作用的模型

纯水环境下的各项模拟参数都和 Fenton 试剂环境下的模拟参数保持一致。在 NVT 系综下,使金刚石基体和纯水相互作用 200 ps,将该模拟过程作为对照组,和 Fenton 试剂对金刚石的腐蚀模拟过程做比较。通过对比,研究 Fenton 试剂对金刚石的氧化效果,从金刚石表面化学状态、碳原子电荷量和 C—C 键键级的改变等角度分析了 Fenton 试剂的作用。

金刚石表面的碳原子存在不饱和键,会与其他外来原子结合成键,发生化学吸附。金刚石基体和水分子相互作用 200 ps 后,其表面吸附了 36 个·OH 和 24 个 H 原子,生成了 C—OH 和 C—H 结构,如图 5.18 所示。由于 H_2O 可以解离为 H 和·OH,所以在纯水环境中金刚石基体表面的吸附基团以二者为主导。而金刚石基体和 Fenton 试剂相互作用

200 ps 后,其表面共吸附了 57 个 $\cdot$OH、5 个 O 原子和 6 个 H 原子,生成了 C—OH、C $=$O 和 C—H 结构,如图 5.5(a)所示。

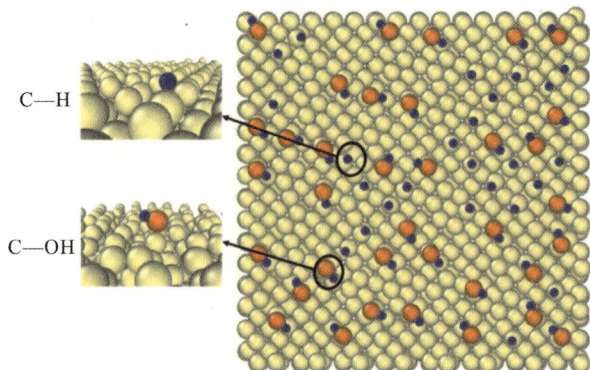

图 5.18　和纯水相互作用后金刚石基体表面的化学状态

　　图 5.19 为金刚石基体与纯水或者 Fenton 试剂相互作用前后的表面碳原子的电荷分布。相互作用前,金刚石基体表面碳原子的初始电荷在 -0.08 和 0.03 之间,接近电中性,如图 5.19(a)所示。经过 200 ps 的相互作用后,金刚石表面碳原子的电荷发生了转移。同时,对照图 5.5(a)和图 5.19(c)、图 5.18 和图 5.19(b),发现金刚石表面电荷量发生明显变化的碳原子和发生了化学吸附的碳原子相对应。$\cdot$OH 或者氧原子吸附的碳原子电荷量变大,与氢原子发生吸附的碳原子电荷量则变小。和纯水相比,金刚石与 Fenton 试剂相互作用后表面吸附的 $\cdot$OH 和氧原子更多,因此电荷量变大的碳原子也更多,说明了 Fenton 试剂对金刚石有显著的氧化效果。

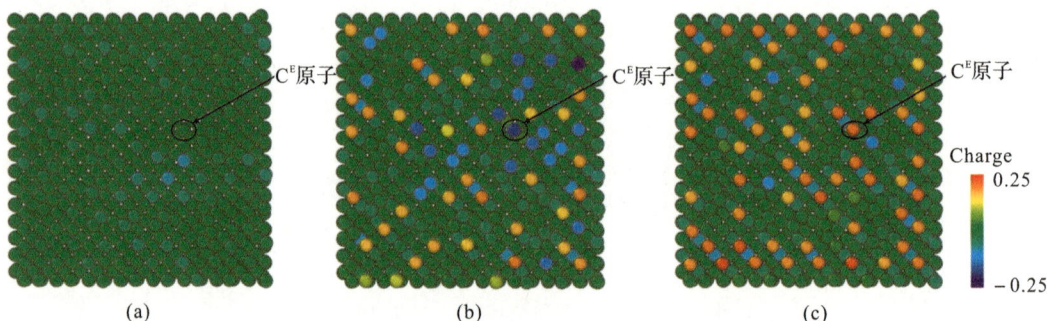

图 5.19　金刚石基体表面的碳原子的电荷分布
(a)吸附前；　(b)纯水环境吸附后；　(c)Fenton 环境吸附后

　　为了比较吸附 H 原子和吸附 $\cdot$OH 对金刚石表面碳原子的影响,以 C^E 原子为例进行分析。在纯水环境中,C^E 原子表面吸附了一个 H 原子,在 Fenton 试剂环境中,C^E 原子表面吸附了一个 $\cdot$OH。如图 5.20 所示,两个吸附过程发生后,C^E 原子和下方相连的两个原子(C^F 和 C^H)的 C—C 键键级都发生了改变。吸附了 H 原子后,C^E—C^F 和 C^E—C^H 的键级变化不大,而吸附了 $\cdot$OH 后,C^E—C^F 和 C^E—C^H 的键级都明显地减小了。键级是一种用来表示两个相邻原子的成键强度的数值[127]。当键级为零时,分子能量与形成分子的原子系统的能量相同,无法成键。对于键级小于 4 的大多数分子而言,键级愈大,键愈稳定。因此,可以根据 C^E—C^F 和 C^E—C^H 的键级的减小判断出 C^E—C^F 和 C^E—C^H 的键能减小了,即打破 C^E—C^F 键和 C^E—C^H 键需要的能量减小了,对于 C^E 原子的去除显然是有利的。通过模拟和分析金刚石和 Fenton 试剂的相互作用过程,证明了 Fenton 反应产生的·OH 可以与基体表面的碳原子发生吸附并使之被氧化,从而弱化了被吸附的碳原子与下方碳原子之间的共价键,使金刚石表面碳原子更容易在抛光中被去除。

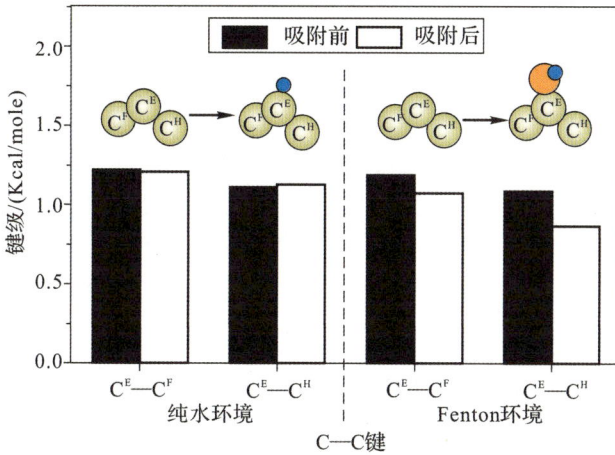

图 5.20　吸附前后 C^E—C^F 和 C^E—C^H 的键级变化

为了验证 Fenton 试剂可以通过弱化的 C—C 键来促进金刚石在 CMP 中的材料去除,模拟纯水环境下的金刚石 CMP 过程作为对照组,和 Fenton 试剂环境下的金刚石 CMP 过程作比较,对比两种环境下碳原子的去除情况。Fenton 试剂环境下金刚石 CMP 的模型如图 5.2(b)所示,纯水环境下金刚石 CMP 的模型如图 5.21 所示。

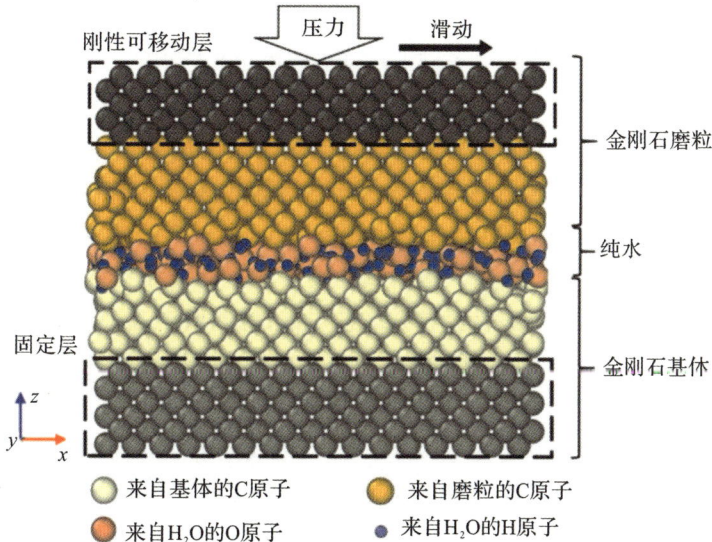

图 5.21　纯水环境下金刚石 CMP 的模型

图 5.22 统计了纯水环境和 Fenton 试剂环境中移动距离 $d>2$ Å 的碳原子的数目随磨粒滑动时间的变化规律。

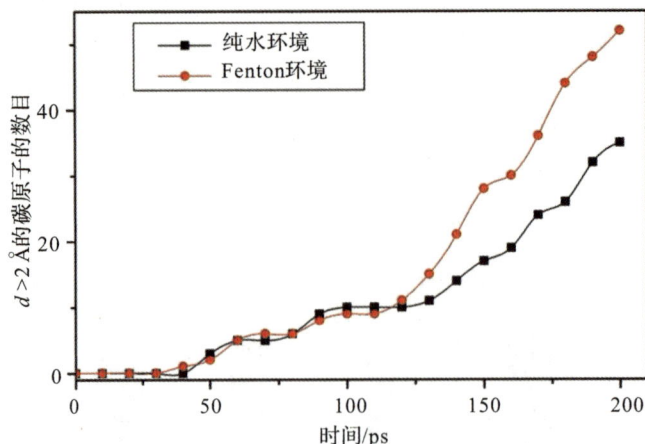

图 5.22　在 H_2O/Fenton 环境下磨粒滑动过程中 $d>2$ Å 的碳原子数目

　　初始阶段,纯水环境和 Fenton 试剂环境中的发生较大移动($d>2$ Å)的碳原子数目差异不大,随着划擦的进行,在大约 125 ps 以后,Fenton 环境中金刚石表面移动距离大于 2 Å 的碳原子数目增速变快,逐渐多于纯水环境中的数目。经过 200 ps 的划擦模拟后,最终 Fenton 环境下金刚石表面移动距离大于 2 Å 的碳原子数目为 51 个,而纯水环境下的为 35 个,Fenton 环境下金刚石表面被去除的碳原子的数目更多,和前文中从 C—C 键被弱化的角度分析的结果相吻合。腐蚀过程模拟和 CMP 过程模拟的结果表明,在相同的磨粒、载荷等条件下,Fenton 试剂中的金刚石表面吸附的 ·OH 更多,使得金刚石表面更多的 C—C 键被弱化,从而使碳原子更容易被剪切去除,提高了金刚石 CMP 的材料去除率。

5.3　金刚石表面成分分析

一、XPS 检测方法

　　X 射线光电子能谱(X-ray Photoelectron Spectroscopy,XPS),是一种利用 X 射线激发电子来检测成分的方法。它可以用于检测试件表面甚至亚表面元素的种类、含量以及化学状态等。由于该方法可以获得的表面成分信息丰富,检测精度高,且对试件的损伤极小,所以它在化学领域、材料和表面科学领域都得到了广泛的应用,是材料成分表征的重要工具。本研究中也采用了 XPS 来分析金刚石的表面成分。

　　XPS 检测的基本原理是基于光电效应。当 X 射线光子照射到试件表面时,试件中原子某能级的电子吸收光子后脱离原子核的束缚,成为自由的光电子。光电子的动能用 E_k 表示,其表达式如下:

$$E_k = h\nu - E_b - \varphi_s$$

式中：$h\nu$ 为入射光电子的能量；φ_s 是有关谱仪材料的功函数，当谱仪表面状态变化不大时，认为它是常数；E_b 表示结合能，是电子从特定原子轨道脱离所需的最小能量。通过检测发射的光电子的能量 E_k，再结合已知的 $h\nu$ 和 φ_s，可以计算出结合能 E_b。结合能可以反映出发射电子的元素、轨道和化学环境等，进而以此分析出材料表面的化学信息。

二、金刚石表面成分的 XPS 分析

为了探究 CMP 过程中金刚石表面发生的化学反应，分析了抛光前、粗抛光后和精抛光后金刚石试件的表面成分。按照本书 4.3 节优化的研磨抛光工艺路线加工单晶金刚石试件。对研磨后的试件进行清洗，用于 XPS 检测。同样的，对使用 Fenton 抛光液粗抛光后的和使用硅溶胶抛光液精抛光后的金刚石试件也分别进行 XPS 检测。实验中使用的 XPS 检测设备为 Thermo Scientific 公司生产的 ESCALAB XI＋型 X 射线光电子能谱仪，如图 5.23 所示。该设备配备有微聚焦单色器，采用镀铝阳极，成像分辨率小于 1 μm。

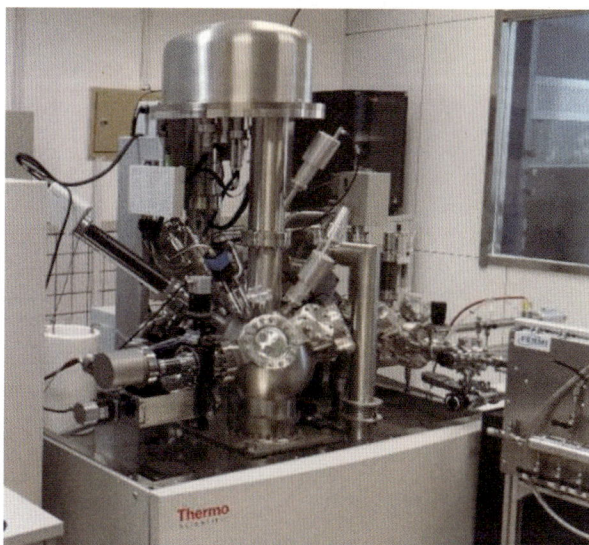

图 5.23　ESCALAB XI＋型 X 射线光电子能谱仪

1. 金刚石表面的 XPS 全扫描分析

图 5.24 为金刚石表面的 XPS 全谱扫描的结果。抛光前、粗抛光后和精抛光后的金刚石试件都具有 C 1 s(285.0 eV)和 O 1 s(532.0 eV)特征峰。抛光前，金刚石表面的 O 1 s 特征峰不明显，说明表面的氧元素含量低，存在的少量的氧可能是由于吸附空气中的氧气或水造成的。而粗抛光后，金刚石表面的 O 1 s 特征峰显著，这说明通过 Fcnton 抛光液的化学机械抛光，金刚石试件表面的氧化程度加深。精抛光过后，金刚石表面的 O 1 s 特征峰高度降低，只略高于抛光前，表明硅溶胶抛光液对金刚石的氧化作用弱于 Fenton 抛光液。表 5.2 统计了抛光前、粗抛光后和精抛光后的金刚石表面的 C 1 s 和 O 1 s 特征峰的高度、面积等信息，通过表面所含氧元素的百分比的变化，也可以看到抛光对金刚石表面的氧化程度的影响。

表 5.2　各阶段的 XPS 能谱中 C 1 s 和 O 1 s 特征峰的参数

	Name	Height(CPS)	Area(CPS. eV)	Atomic/%
抛光前	C 1 s	106 273.04	213 303.91	95.91
	O 1 s	12 937.82	24 538.65	4.09
粗抛后	C 1 s	184 511.7	238 393.69	89.93
	O 1 s	392 41.48	723 76.78	10.07
精抛后	C 1 s	279 759.82	261 780.94	94.86
	O 1 s	190 22.24	382 04.96	5.14

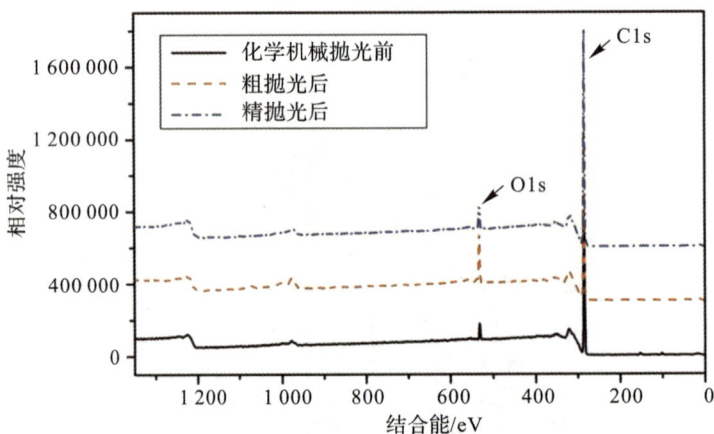

图 5.24　金刚石表面的 XPS 全扫描谱图

2. 金刚石表面的 XPS 高分辨扫描分析

C 1 s 区域通常用来表征金刚石表面的化学状态,因此在 285.0 eV 附近对抛光前、粗抛光后和精抛光后的金刚石试件进行 XPS 高分辨扫描。

图 5.25 为金刚石抛光前的 C 1 s 能谱图,使用 XPSPEAK 软件对其进行分峰拟合,得到了位于 285.2 eV、284.2 eV、286.4 eV 和 288.1 eV 位置的四个峰。Yang[220] 在类金刚石 (Diamond-Like Carbon,DLC)表面的 XPS 研究中,认为—C—C/C—H 的 C 1 s 结合能在 285 eV 附近,羟基(C—OH)和醚(C—O—C)这两种包含碳氧单键的 C 1 s 峰都出现在比 sp^3 C 高 1.5 eV 的位置附近,而 C=O 峰则出现在 287.8 eV 处。苑泽伟[22] 在分别使用酸性高铁酸钾、碱性高铁酸钾和酸性三氧化二铬抛光 CVD 金刚石后对其进行了 XPS 检测,发现 C—O 键中的 C 1 s 结合能相比 sp^3 碳的偏移分别为 +0.6 eV、+0.9 eV 和 +0.9 eV,C=O 基团的 C 1 s 结合能偏移则分别为 +2.1 eV、+2.5 eV 和 +2.1 eV。Ghodbane[221] 研究了含硼的 {111}同质外延金刚石薄膜和多晶金刚石薄膜的 XPS 能谱,分别在偏离 sp^3 碳 +3.9 eV 和 +3.0 eV 位置发现了 C=O 基团的 C 1 s 分峰。随着检测环境、设备状态以及试件的不同,基团的位置并不完全相同,而是有一定范围,可以认为 sp^3 碳的结合能在 285 eV 左右,sp^2 C 与

sp^3 C 的峰位差值为 $-0.7 \sim -1.1$ eV，C—O 与 sp^3 碳的峰位差值为 $+0.6 \sim +1.5$ eV，C=O 与 sp^3 碳的峰位差值范围则集中在 $+2.1 \sim +3.9$ eV。因此，图中的 285.2 eV、284.2 eV、286.4 eV 和 288.1 eV 位置的 C 1 s 分峰分别对应 sp^3 C、sp^2 C、C—O 和 C=O。比较 C 1 s 各个分峰的面积，得到金刚石表面 sp^2 C 和 sp^3 C 含量的比例约为 1:1，sp^2 C 含量较多，这是因为研磨中的机械作用使金刚石晶体不可避免的发生了晶格畸变，在金刚石表面产生了非晶层，发生了 sp^3 C 到 sp^2 C 的相变[69, 114]。同时，由于研磨过程中没有使用氧化剂，所以抛光前的金刚石表面的 C—O 和 C=O 比较少。

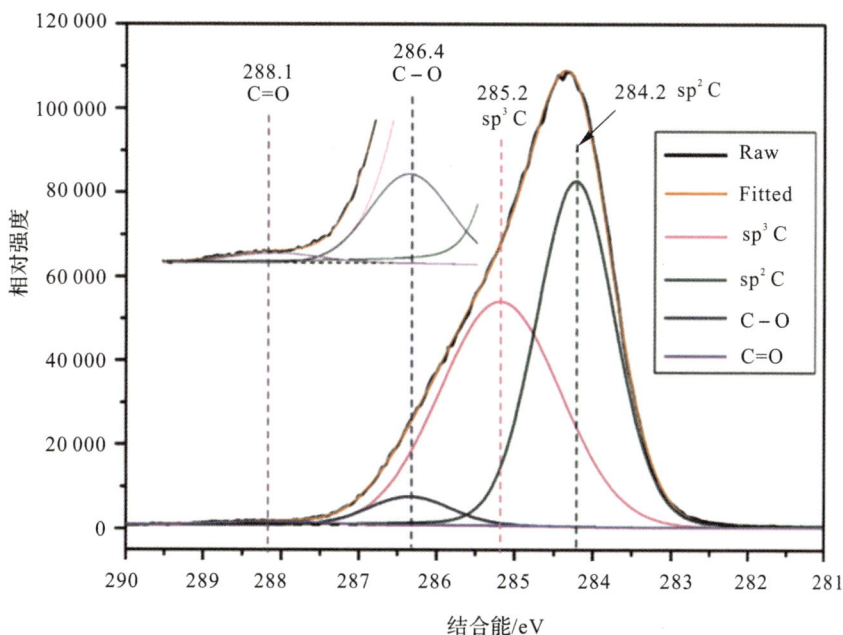

图 5.25　抛光前的金刚石表面的 C1s 特征峰的拟合

对粗抛光后的金刚石表面 C 1 s 峰的 XPS 高分辨扫描能谱进行分峰拟合得到了图 5.26，发现 C 的存在形式仍然为 sp^3 C、sp^2 C、C—O 和 C=O 四种，和抛光前基本一致。其中，由于 C—OH 基团和 C—O—C 基团在 XPS 能谱图上的峰过于接近，所以都可以用 C—O 峰表示[220]。对照在 Fenton 试剂环境下抛光金刚石的分子动力学模拟过程，发现检测到的表面结构和模拟结果基本吻合。相比抛光前，不同形式的 C 的含量发生了变化。其中，sp^2 C 和 sp^3 C 含量的比例约为 8:1，sp^2 C 的含量显著降低，这是由于在化学机械抛光中金刚石表面发生晶格畸变的以 sp^2 C 为主要成分的非晶碳会被优先地氧化去除[22-114]。由于粗抛光中使用了金刚石磨料，较强的机械作用导致 sp^2 C 没有完全被消除。同时，C—O 和 C=O 含量的增多说明了试件表面的氧化程度加大，Fenton 抛光液对金刚石起到了氧化作用。

对精抛光后的金刚石表面 C 1 s 峰的 XPS 高分辨扫描能谱进行分峰拟合得到了图 5.27。金刚石表面的 C 主要以 sp^3 C、C—O 和 C=O 三种形式存在，而没有发现 sp^2 C。精抛中采用了低硬度的硅溶胶抛光液，较弱的机械作用不会使金刚石表面产生由机械力诱导的相变，因此其表面基本上不存在 sp^2 C。此外，由于硅溶胶抛光液中的氧化剂双氧水产生的有效氧化成分·OH 的效率比 Fenton 试剂低,对金刚石的氧化作用相对较弱,所以精抛光后金刚石表面的 C—O 和 C=O 含量相比粗抛后都出现明显的降低。金刚石表面 sp^2 C 的基本消除和氧元素含量的降低都说明了,使用硅溶胶抛光液抛光金刚石虽然材料去除率较低,但是去除方式相对柔和,对金刚石表面的损伤和污染都极小,是一种适合用于精加工的抛光方法。

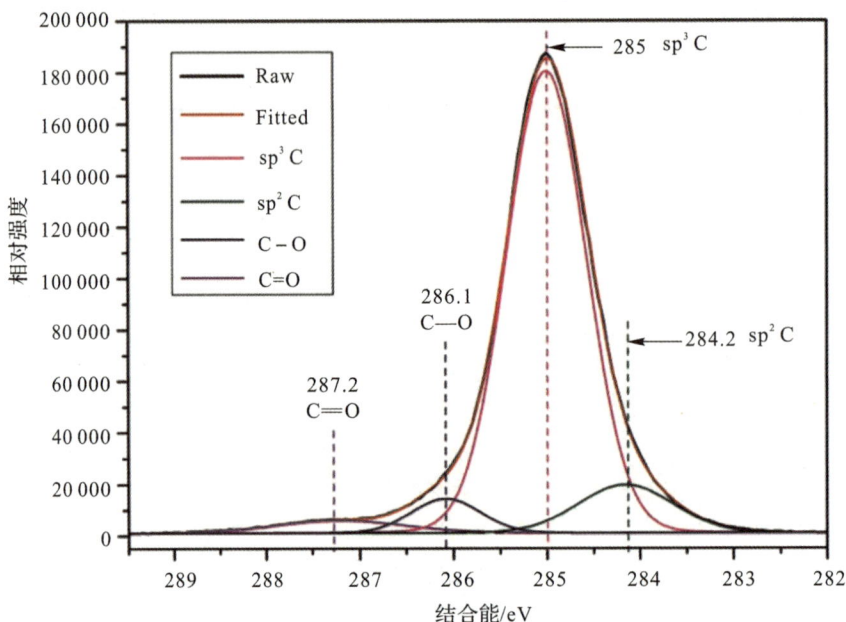

图 5.26　粗抛光后的金刚石表面的 C 1 s 特征峰的拟合

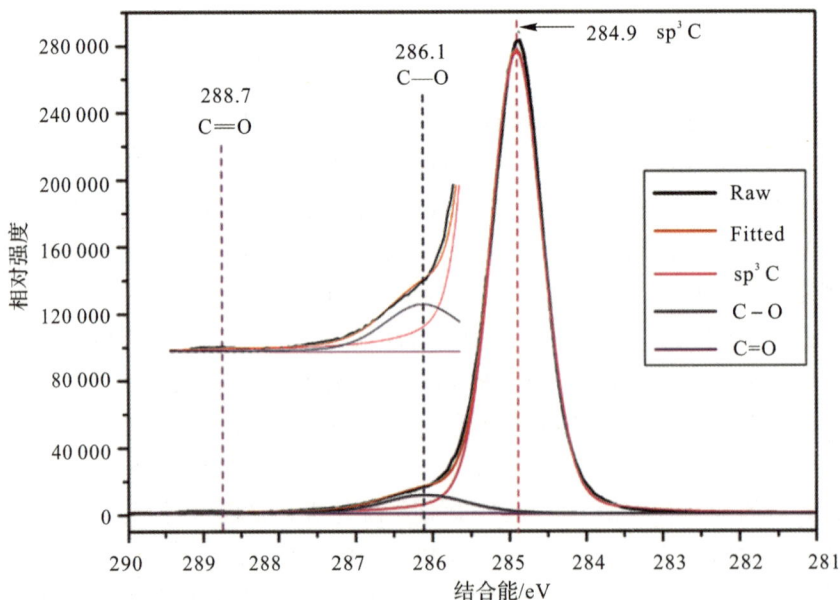

图 5.27　精抛光后的金刚石表面的 C 1 s 特征峰的拟合

5.4 本 章 小 结

本章采用工艺实验和基于 ReaxFF 力场的分子动力学模拟的方法研究了机械划擦和氧化剂在金刚石常温 CMP 中的作用机制。研究表明,机械划擦在金刚石常温 CMP 过程中有两个主要作用:一方面直接通过剪切使被氧化作用弱化的 C—C 键断裂,实现对金刚石表面材料的去除;另一方面可以改变金刚石表面的化学状态,促使弱化的 C—C 键进一步氧化为 C—O—C 结构,为碳原子被氧化生成 CO_2 提供了条件。此外,抛光压力增大时,摩擦力会随着界面桥键的增多而变大,对表层碳原子的剪切去除有显著的促进作用。氧化剂方面,加入 Fenton 试剂可以显著地提高金刚石常温 CMP 的抛光效率,其材料去除率从 3.34 nm/min 提升到了 7.12 nm/min。在模拟中发现,金刚石表面碳原子的电荷量和键级的变化证明,和 Fenton 试剂相互作用后金刚石表面碳原子会被氧化,且氧化作用可以弱化 C—C 键,这是氧化剂促进金刚石材料去除的内在原因。

在金刚石 CMP 中,氧化剂的氧化作用和磨粒的机械作用是相互辅助的。金刚石表面的氧化使 C—C 键弱化为碳原子的机械去除提供了有利的条件,机械剪切力使表层碳原子被去除从而暴露出新的表面,使得氧化反应持续进行,同时机械作用也改变了金刚石表面的化学状态,促使基体表面产生 C—O—C。XPS 检测的结果也证实了在化学机械抛光中金刚石表面被氧化,尤其是在使用 Fenton 试剂作为氧化剂时其氧化程度较高,其表面的氧的存在形式有 C═O 和 C—O(来自 C—O—C 或者 C—OH),和模拟结果吻合。

第 6 章　Fenton 抛光液在金刚石不同晶面 CMP 中的抛光性能

金刚石是一种各向异性材料,属于立方晶系,有(100)晶面、(110)晶面和(111)晶面三个主要晶面(又被称为面网)。由于三个晶面上的原子排布不同,所以晶面上原子的密度不同、晶面之间的间距也不同,这些结构上的差异导致了不同晶面的性质差异。本书前面章节的模拟和实验中的研究对象都是工程实际中应用最为广泛的(100)晶面金刚石,并提出了适合(100)晶面金刚石常温 CMP 的 Fenton 抛光液及抛光方法。为了探索这种 Fenton 抛光液在(110)晶面和(111)晶面金刚石 CMP 中的适用性,本章采用自行研制的 Fenton 抛光液对三个晶面的金刚石试样进行抛光实验,对比三者的材料去除率以及抛光后的表面粗糙度。最后,通过分子动力学模拟的方法从金刚石表面氧化程度和键级变化的角度揭示不同晶面的金刚石在 CMP 中材料去除率呈现各向异性的原因。

6.1　不同晶面的金刚石的 CMP 实验研究

一、实验方案和试件准备

本书第 3～5 章中涉及的实验均在 UNIPOL-1200S 型研抛机上进行,且每次实验同时抛光三个(100)晶面金刚石试件,实验中三个(100)晶面金刚石试件被均匀地粘贴在载物盘上,如图 3.2(b)所示,抛光前需要进行研磨预处理将三个试件加工至同一高度,以保证后续抛光过程的一致性和稳定性。

与前文不同,本节实验的目的是比较(100)晶面、(110)晶面和(111)晶面金刚石的去除率,因此需要同时对三个晶面的金刚石试件进行抛光,以保证相同的加工条件。然而,不同晶面的金刚石在 CMP 中的材料去除率可能存在差异,抛光中三个试件的高度也会随着抛光过程的进行出现差异。如果将(100)晶面、(110)晶面和(111)晶面金刚石粘在同一载物盘上进行抛光,那么试样高度的不一致将会导致载物盘倾斜从而影响加工的稳定性。为了避免这种情况,本节的 CMP 实验在另一种可以对三个试件分别加载的研抛机上进行。该机器配备的载物盘适合的试件尺寸为 $\Phi 30$ mm,而金刚石试件尺寸为 3 mm$\times 3$ mm$\times 1$ mm,因此抛光前需要将试件先固定在水晶滴胶中。研抛机示意图和试件实物图如图 6.1 所示。

根据本书第 3 章提出的抛光液组成,用双氧水、硫酸亚铁和粒径 $0.5\sim1$ μm 的金刚石微粉来配制 Fenton 抛光液,并在抛光过程中分别滴加抛光液的 A、B 组分。调节研抛机的三个弹簧压头,使每个金刚石试件所受的压力均为 1.5 MPa。该抛光机配套的抛光盘尺寸为 Φ200 mm,设定抛光盘转速为 90 r/min,对三个晶面的金刚石试件进行 100 min 的抛光。抛光结束后,用去离子水和无水乙醇分别对试件进行 10 min 和 20 min 的超声清洗,充分清洗掉试件表面的残留物质以及凹槽中可能存在的磨粒。

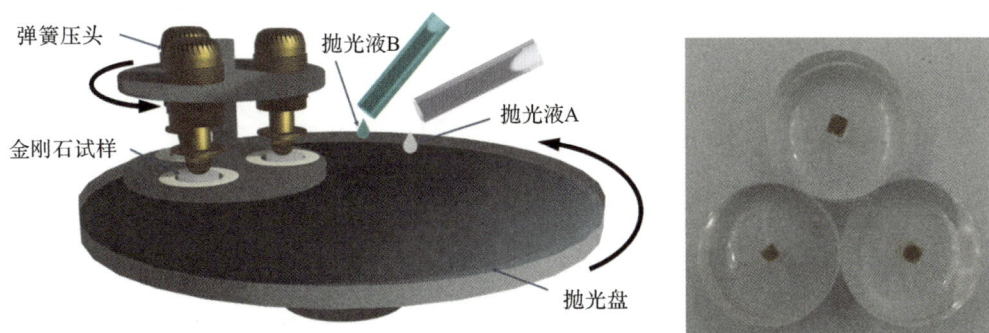

图 6.1　研抛机示意图和金刚石试件

本节采用和第 5 章相同的材料去除率测量方法,即计算抛光前后金刚石表面凹槽的深度差。使用离子束刻蚀的方法来加工凹槽,三个晶面刻蚀过程中所选用的工艺参数完全相同(电流 $I=20$ nA,$x=20$ μm,$y=20$ μm,$z=30$ μm)。刻蚀结束后,获得了形状十分规整的凹槽,是一个符合设定值的 20 μm×20 μm 的正方形,同时三个晶面的金刚石刻蚀深度差异不大,为 8～9 μm。使用激光共聚焦显微镜拍摄抛光前后金刚石的截面轮廓以测量其表面凹槽的深度,使用 New view 5022 型 3D 表面轮廓仪测量抛光前后金刚石的表面粗糙度。

二、CMP 中不同晶面金刚石的材料去除率和表面粗糙度

使用激光共聚焦显微镜配套的多文件分析软件处理三个晶面的金刚石抛光前后的截面轮廓图,使抛光前后的凹槽边缘和底边完全重合,以保证比较测量的准确性。采用平均差分法得到两条轮廓线上方的高度差,即为抛光过程中去除的金刚石材料的厚度。

图 6.2(a)～(c)分别为(100)晶面、(110)晶面和(111)晶面金刚石抛光前后的表面凹槽的截面轮廓,图 6.2(d)为图 6.2(c)的放大图。对于(100)晶面金刚石,化学机械抛光的材料去除率为

$$\text{MRR}=\frac{\Delta h}{t}=\frac{712 \text{ nm}}{100 \text{ min}}=7.12 \text{ nm/min}$$

对于(110)晶面金刚石,化学机械抛光的材料去除率为

$$\text{MRR}=\frac{\Delta h}{t}=\frac{566 \text{ nm}}{100 \text{ min}}=5.66 \text{ nm/min}$$

对于(111)晶面金刚石,化学机械抛光的材料去除率为

$$\text{MRR}=\frac{\Delta h}{t}=\frac{61 \text{ nm}}{100 \text{ min}}=0.61 \text{ nm/min}$$

由测量结果可以看出,使用 Fenton 抛光液对金刚石试件进行抛光时,三个晶面金刚石的材料去除率的大小关系为(100)＞(110)＞(111)。

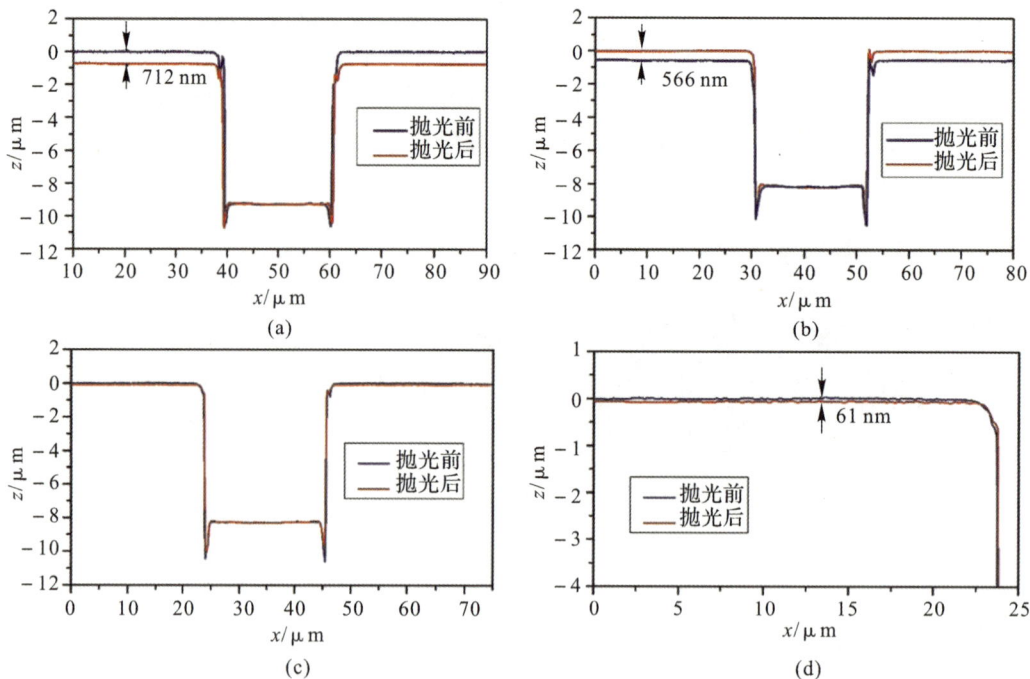

图 6.2 抛光前后不同晶面的金刚石截面线轮廓
(a)(100)晶面; (b)(110)晶面; (c)(111)晶面; (b)(111)晶面放大

图 6.3 为(100)晶面、(110)晶面和(111)晶面的金刚石试件抛光前后的表面粗糙度。三个金刚石试件的初始表面粗糙度均为 4 nm 左右,经过 100 min 的化学机械抛光后,(100)晶面金刚石的表面粗糙度降为 1.19 nm,(110)晶面金刚石的表面粗糙度降为 1.97 nm,(111)晶面金刚石的表面粗糙度降为 2.86 nm。三个试件的表面粗糙度呈现下降趋势,说明本书提出的抛光液和工艺方法对三个晶面的金刚石都有效果。此外,由于三个试件中的(100)晶面金刚石在 CMP 中的材料去除率最高,表面粗糙度降低得更快,所以在相同的工艺条件下(100)晶面金刚石抛光 100 min 后的表面质量最佳。

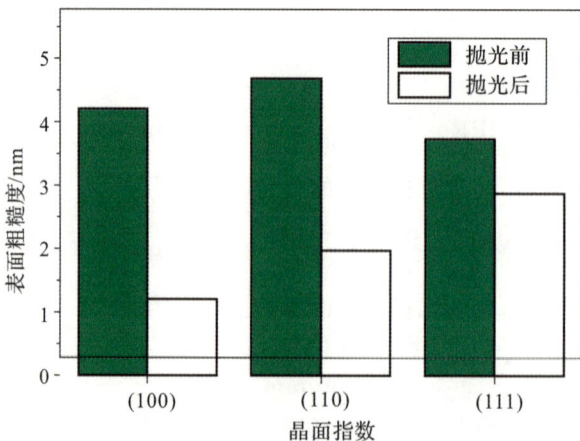

图 6.3 不同晶面金刚石抛光前后的表面粗糙度

6.2 ReaxFF 分子动力学模拟不同晶面的 金刚石与 Fenton 试剂的相互作用

根据本书第 5 章的模拟结果,金刚石表面化学吸附和氧化程度可以通过影响 C—C 键的强度来影响碳元子的去除。因此,不同晶面的金刚石和 Fenton 试剂相互作用过程中的氧化程度的差异可能是导致金刚石 CMP 中材料去除率呈各向异性的关键。本节通过基于 ReaxFF 力场的分子动力学方法模拟 Fenton 试剂与(100)晶面、(110)晶面、(111)晶面金刚石的相互作用过程,考察了不同晶面的化学吸附情况、表面碳元子的电荷量变化以及 C—C 键键级的变化,分析了不同晶面的金刚石在 CMP 中材料去除率呈现各向异性的原因。

一、不同晶面的金刚石与 Fenton 试剂相互作用的模型

为了描述不同晶面的金刚石与 Fenton 试剂的动态相互作用过程,分别构建了(100)晶面、(110)晶面、(111)晶面的金刚石与 Fenton 试剂接触的模型,如图 6.4 所示。在图中对不同种类的原子采用不同的颜色作出标记,本章其余图片中原子类型和颜色也有相同的对应关系。

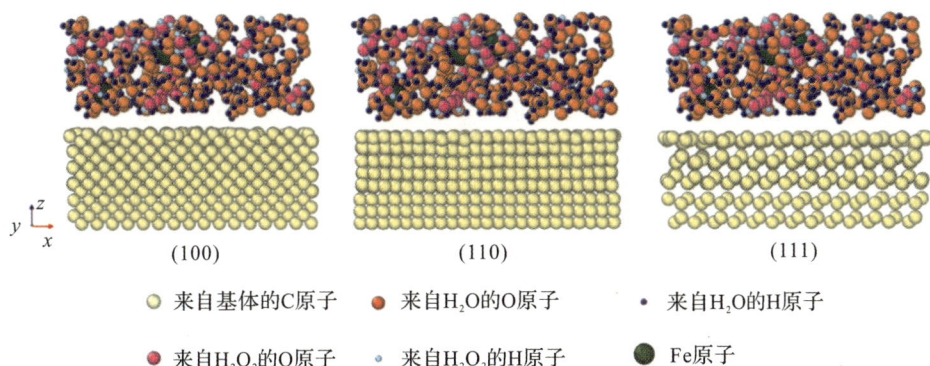

图 6.4　金刚石基体与 Fenton 试剂相互作用的模型

由于三种不同晶向的金刚石基体都是从理想金刚石晶体中切分出来的,所以需要预先对它们进行驰豫。使用 Berendsen 热浴法对金刚石模型进行驰豫,设定目标温度为 300 K,控温系数为 25 fs,整个过程持续 100 ps 后金刚石的势能基本达到平衡,金刚石表面原子也通过重构达到更稳定也更接近实际状态的结构。驰豫后的金刚石及其上方的 Fenton 试剂共同构成了吸附模型。三个晶面上方的 Fenton 试剂的组成完全一致,都包含 3 个铁原子、30 个 H_2O_2 分子和 200 个 H_2O。模型的其他信息如表 6.1 所示,其中 x、y、z 分别代表体系在对应方向的几何尺寸,t 代表金刚石基体的厚度,N 代表碳原子的总数。

表 6.1　金刚石表面与 Fenton 试剂相互作用模型的结构信息

	(100)	(110)	(111)
$x/\text{Å}$	28.17	28.11	29.31

续表

	(100)	(110)	(111)
$y/\text{Å}$	28.17	28.56	27.66
$z/\text{Å}$	23.29	22.35	22.41
$t/\text{Å}$	10.21	9.33	9.22
N	1 536	1 520	1 532

由于本节主要关注的是 Fenton 试剂与金刚石表面碳原子的相互作用,所以把金刚石基体模型底面的几层碳原子设置为固定层以减少计算量。模型的 x、y 方向均为周期性边界,z 方向为固定边界。同时,在 z 方向上下两端设置反射面,以避免 Fenton 试剂和金刚石基体底部的碳原子反应。为了研究常温下金刚石的化学反应,采用 Berendsen 热浴法控制体系温度为 300 K。模拟过程中使用 NVT 系综,Fenton 试剂与三个晶面的金刚石的化学反应时间均为 200 ps,时间步长设置为 0.25 fs。

二、不同晶面的金刚石的化学吸附和氧化程度

上述三种金刚石在与 Fenton 试剂反应 200 ps 后,体系的势能均逐渐降低并趋于稳定,如图 6.5 所示。图 6.6 为化学反应后的金刚石基体的结构图,图中原子类型与颜色之间的对应关系和图 6.4 相同。由俯视图可以看出,三个金刚石基体的表面吸附了一定数量的 O、H 和·OH 等基团。此外,由侧视图可以看出,与 Fenton 试剂反应 200 ps 后,三个模型中发生化学吸附的碳原子都分布在金刚石基体的表层,各基团都没有向下扩散到金刚石基体的亚表层或者更深处。

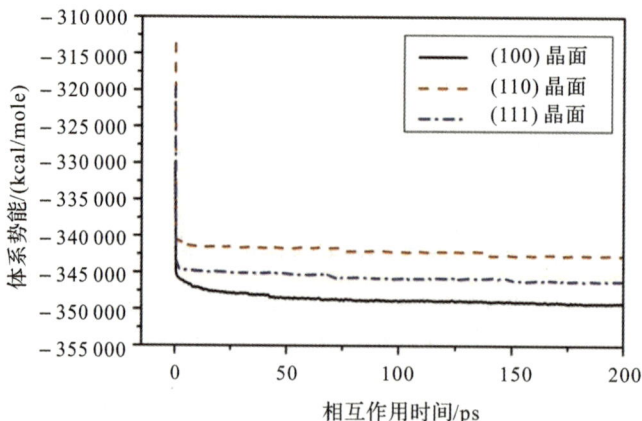

图 6.5　金刚石和 Fenton 试剂相互作用过程中体系势能的变化

为了比较三个晶面的金刚石的表面吸附情况,模拟结束后对基体表面的各类基团数目进行统计,如图 6.7 所示。对于(100)晶面金刚石,表面吸附的·OH 数量最多,O 原子的吸附数量次之,H 原子的吸附数量最少。对于(110)晶面和(111)晶面金刚石,表面吸附·OH 形成的 C—OH 结构仍占据主导,同时它们还吸附了少量的 H 原子并形成 C—H 结构,但

均未看到 C ═O 结构生成的迹象。此外,还在(110)晶面金刚石表面发现了 COOH 结构,这可能是 Fenton 反应过程中产生的 HO$_2$·[见反应式(3.3)]吸附在碳原子表面而生成的。

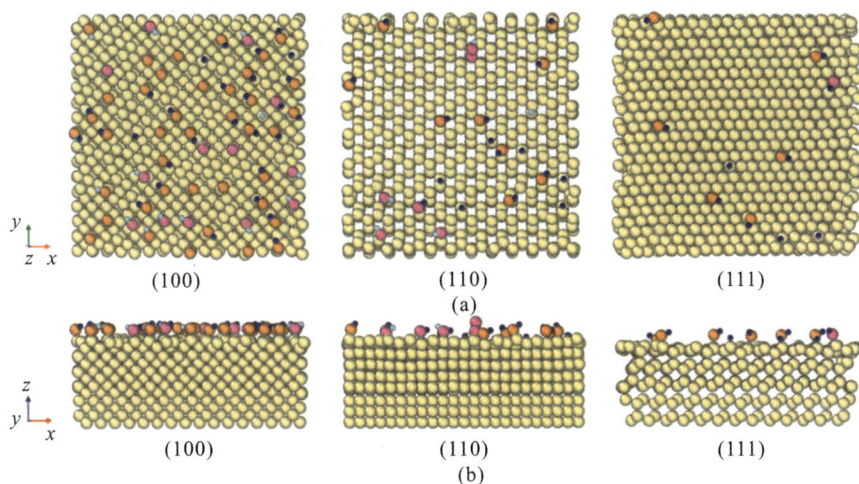

图 6.6　和 Fenton 试剂相互作用 200 ps 后金刚石基体的结构图

(a)俯视图；　(b)侧视图

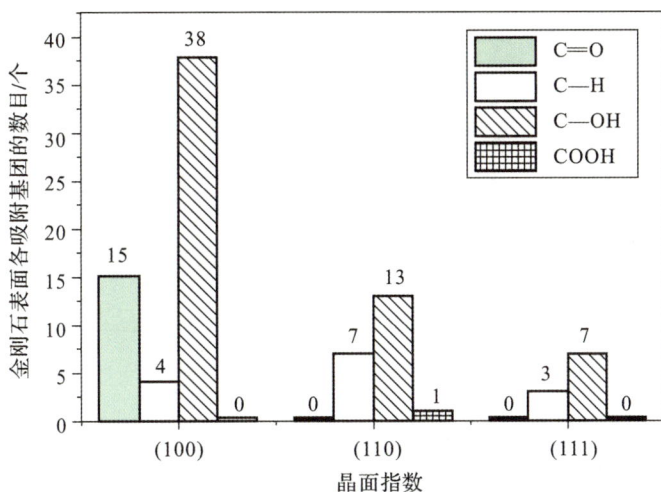

图 6.7　化学吸附后金刚石表面各类基团的数目

　　金刚石表面碳原子与新基团的结合后会发生电荷的重新分配,化学吸附后的三个晶面的金刚石基体的电荷分布如图 6.8 所示。由图 6.6(a)和图 6.8 可以看出,电荷的分布基本上和碳原了吸附的基团的位置相对应,与电负性强的 O 原子、·OH 或 HO$_2$·发生吸附的碳原子电荷量增大,而与电负性小的 H 原子发生吸附的碳原子则电荷量减小。其中,(100)晶面金刚石的表面吸附了大量的·OH 和 O 原子,被氧化的碳原子数目最多且平均电荷量最高(电荷量的范围为 0.14～0.21),如图 6.8(a)所示,说明化学吸附后该晶面的氧化程度最大。(110)晶面金刚石的表面被氧化的碳原子数目为 14 个(电荷量的范围为 0.11～0.17),(111)晶面金刚石的表面被氧化的碳原子数目为 7 个(电荷量的范围为 0.13～0.16),说明在与 Fenton 试剂相互作用后三个晶面的金刚石表面被氧化程度的大小关系为(100)＞(110)＞(111)。

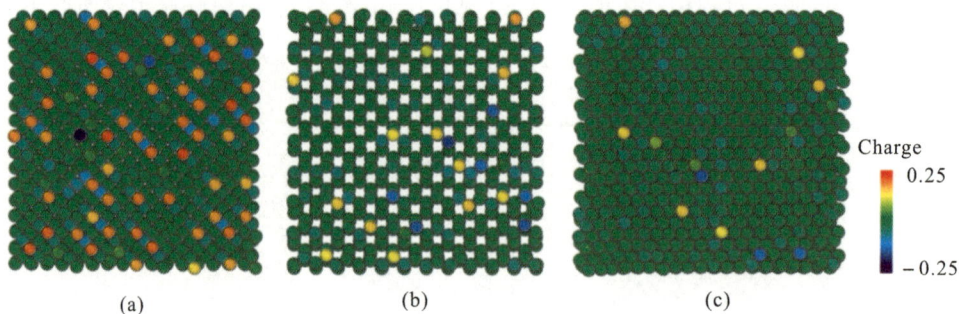

图 6.8　化学吸附后的金刚石基体的电荷分布

(a)(100)晶面；　(b)(110)晶面；　(c)(111)晶面

根据本书第 5 章的研究结果,C—OH 结构的形成导致其中碳元子的电荷量变大,同时使碳元子相连的 C—C 键键级减小,而 C—H 结构的形成对 C—C 键的键级没有明显影响。本节以 C^I 和 C^P 原子为例讨论了 C═O 和 COOH 结构对 C—C 键的影响,如图 6.9 所示。

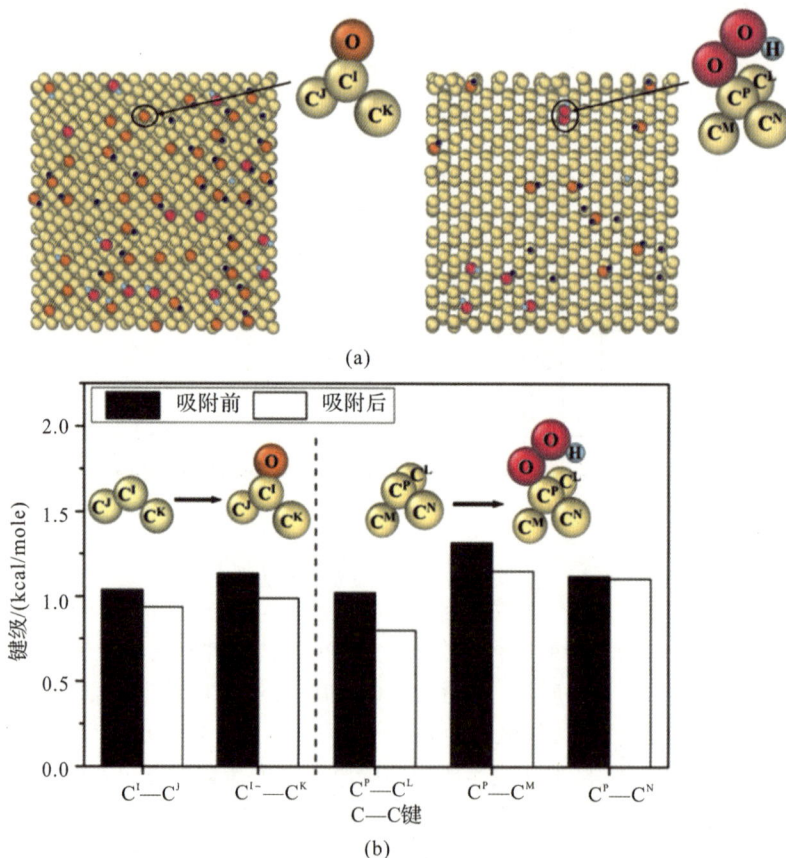

图 6.9　金刚石表面的 C═O 和 COOH 结构对 C—C 键键级的影响

(a)(100)晶面的 C^I═O 结构和(110)晶面的 C^POOH 结构；　(b)键级的变化

初始阶段 C^I 原子和 C^J、C^K 原子之间的共价键 $C^I—C^J$ 和 $C^I—C^K$ 的键级分别为 1.04 和 1.135，与 O 原子发生化学吸附后，$C^I—C^J$ 和 $C^I—C^K$ 的键级分别减小为 0.938 和 0.989。初始阶段 C^P 原子和 C^L、C^M、C^N 原子之间的共价键 $C^P—C^L$、$C^P—C^M$ 和 $C^P—C^N$ 的键级分别为 1.024、1.317 和 1.121，与 $HO_2·$ 发生化学吸附后，$C^P—C^L$、$C^P—C^M$ 和 $C^P—C^N$ 的键级分别降为 0.8、1.149 和 1.106。键级是一种用来表示两个相邻原子的成键强度的数值[127]。因此，上述键级的变化表明 C $=$ O 和 COOH 结构的形成也可以弱化 C—C 键。统计三个晶面金刚石的表面形成的 C—OH、C $=$ O 和 COOH 结构的数目，发现(100)晶面金刚石表面形成的这三种结构的总数目最多，(110)晶面金刚石表面次之，(111)晶面金刚石表面最少。因此，和 Fenton 试剂相互作用后，三个晶面的金刚石表面被弱化的 C—C 键数目的大小关系为(100)＞(110)＞(111)。根据本书 5.2 节的模拟结果，在氧化作用下被弱化的 C—C 键更容易被机械剪切去除。因此，三个晶面的金刚石在 CMP 过程中的材料去除率有和表面氧化程度以及表面被弱化的 C—C 键数目相似的大小关系，即(100)＞(110)＞(111)，呈现出各向异性。

6.3　本　章　小　结

本章通过实验和模拟研究了(100)晶面、(110)晶面和(111)晶面金刚石的化学机械抛光，分析了不同晶面的金刚石在抛光中材料去除率的各向异性以及 Fenton 抛光液对它们的抛光性能。得到以下结论：

(1)(100)晶面、(110)晶面和(111)晶面金刚石在 CMP 中的材料去除率分别为 7.12 nm/min、5.66 nm/min 和 0.61 nm/min，呈现出各向异性，且大小关系为(100)＞(110)＞(111)。

(2)通过基于 ReaxFF 力场的分子动力学模拟揭示了 CMP 中不同晶面的金刚石的材料去除率呈各向异性的原因。在与相同浓度的 Fenton 试剂相互作用相同时间后，三个晶面金刚石的表面氧化程度以及被弱化的 C—C 键数目的大小关系都为(100)＞(110)＞(111)。而被弱化的 C—C 键中的碳原子在 CMP 中更容易被剪切去除，这导致了三个晶面金刚石在抛光中的材料去除率的大小关系也为(100)＞(110)＞(111)。

(3)使用 Fenton 抛光液对(100)晶面、(110)晶面和(111)晶面的金刚石试件进行了 100 min 的抛光后，三个试件的表面质量都得到了改善，其中(100)晶面金刚石的表面粗糙度最低，这说明本书提出的抛光液和工艺方法对三个晶面的金刚石都有效，但是更适合(100)晶面金刚石的抛光。

结　束　语

　　目前的金刚石 CMP 方法难以兼顾到表面质量、加工效率和对环境友好,同时,金刚石 CMP 材料去除机理方面还缺乏同时考虑机械作用和化学作用的微观模拟研究。本书提出了新型的金刚石 CMP 用抛光液配方以及配套的常温组合抛光方法,并通过实验和模拟相结合的方法分析了金刚石 CMP 中材料的原子级去除机理。下面将主要的工作进行总结。

　　(1)在常温环境下,金刚石基体与·OH 相互作用后,其表层发生了化学吸附,形成了 $C=O$、$C-H$ 和 $C-OH$ 结构。在磨粒以一定的压力和速度在金刚石基体表面滑动的过程中,碳原子以生成 CO、CO_2 和黏附于磨粒的形式被去除。常温环境下利用·OH 对金刚石进行化学机械抛光,理论上是一种可以优先去除高点的碳原子、实现金刚石原子级加工的方法。同时,·OH 浓度越大,对金刚石的氧化能力越强,越有利于金刚石的材料去除。因此,可以产生大量的·OH 的 Fenton 试剂有潜力成为适用于金刚石常温 CMP 的氧化剂。此外,金刚石的化学性质十分稳定,单一的氧化作用无法破坏 $C-C$ 键,氧原子不能移动到基体的下层,从而无法像铜、硅、碳化硅等其他材料一样生成一定厚度的软质反应层,而是发生表层吸附,因此在抛光中要需要选择高硬度的磨料来增强机械作用。

　　(2)提出了适用于金刚石常温 CMP 的新型的 Fenton 抛光液。金刚石常温 CMP 用抛光液包含两部分:由粒径 $0.5\sim1~\mu m$ 的金刚石微粉、H_2O_2 溶液和聚乙二醇构成的 A 组分,以及由 $FeSO_4$ 溶液构成的 B 组分。基于本书自行研制的 Fenton 抛光液,优化了金刚石化学机械抛光中工艺参数,选择抛光压力为 1.5 MPa,转速为 60 r/min。该方法使金刚石试件的表面粗糙度在 2 h 内从 3.5 nm 左右降至 0.7 nm 左右,是一种可以快速地改善金刚石的表面质量的常温 CMP 方法。

　　(3)将本书提出的基于 Fenton 抛光液的常温 CMP 工艺与基于硅溶胶抛光液的传统常温 CMP 工艺相结合,建立了可兼顾抛光效率和表面质量的金刚石常温 CMP 组合工艺方法,进一步提高金刚石的表面质量。经过 2 h 的粗抛光和 2 h 的精抛光后,获得了表面粗糙度在 0.4 nm 以下的超光滑金刚石表面,局部区域($10~\mu m \times 10~\mu m$)的表面粗糙度可低至 0.166 nm。采用该常温 CMP 组合工艺方法抛光后的金刚石表面质量和文献中使用高铁酸钾抛光液在局部加热的条件下抛光 8 h 后的金刚石表面质量[($10~\mu m \times 10~\mu m$)区域的粗糙度为 0.187 nm]相近,同时组合抛光方法节约了 50% 的抛光时间。

　　(4)机械作用会促使金刚石基体表面产生 $C-O-C$ 结构,为碳原子被氧化生成 CO_2 提供条件,同时可以剪切去除表层碳原子使新鲜的表面不断暴露出来,从而使氧化反应得以持续的进行。抛光压力增大时,摩擦力会随着界面桥键的增多而变大,对表层碳原子的剪切去除有显著的促进作用。Fenton 试剂的加入可以显著地提高金刚石化学机械抛光的加工效率,使金刚石的材料去除率提升了一倍以上。金刚石表面碳原子的电荷量和 C—C 键键级的变化证明了 Fenton 抛光液的氧化作用可以弱化 C—C 键,这是氧化剂促进金刚石材料去除的内在原因。XPS 检测发现化学机械抛光后的金刚石表面被氧化,其中使用 Fenton 抛光液抛光后的金刚石氧化程度较高,其表面氧的存在形式有 $C=O$ 和 C—O(来自 C—O—C 或者 C—OH),和模拟结果相吻合。

(5)使用 Fenton 抛光液抛光(100)晶面、(110)晶面和(111)晶面的金刚石时,三个晶面的金刚石在 CMP 中的材料去除率呈现出各向异性,且大小关系为(100)晶面>(110)晶面>(111)晶面。这种各向异性是由 Fenton 试剂环境下(100)晶面、(110)晶面和(111)晶面金刚石的表面氧化程度以及被弱化的 C—C 键数目的差异性造成的。此外,本书研制的 Fenton 抛光液和提出的工艺方法对三个晶面金刚石的抛光都有效果,但是更适合(100)晶面金刚石。

本书的研究成果主要体现在以下几个方面:

(1)揭示了基于 Fenton 反应的金刚石常温 CMP 中通过化学吸附弱化 C—C 键并借助机械作用去除碳原子的材料去除机理。由于金刚石的化学稳定性强,不能在单一的化学作用下形成传统 CMP 中产生的软质反应层,只能使 C—C 键弱化。机械作用一方面可以直接剪切弱化的 C—C 键使之断裂,碳原子以 CO 或者黏附于磨粒的形式去除;另一方面可以促使弱化的 C—C 键进一步氧化为 C—O—C 结构并剪切其中 C—O 键使之断裂,碳原子以 CO_2 的形式去除。

(2)针对金刚石化学稳定性强的特点,提出了综合利用 Fenton 抛光液中·OH 的强氧化作用和磨粒的强机械作用的金刚石常温高效 CMP 工艺方法。研制了适用于该工艺方法的 Fenton 抛光液,优化了抛光工艺参数,并与基于硅溶胶抛光液的传统常温 CMP 工艺相结合建立了可兼顾抛光效率和表面质量的金刚石常温 CMP 组合工艺方法,获得了亚纳米级的超光滑表面,解决了现有高铁酸钾、高锰酸钾抛光液通常需要局部加热以及硅溶胶抛光液材料去除率较低的问题。

(3)揭示了基于 Fenton 抛光液的金刚石 CMP 中材料去除率呈现各向异性的原因。通过基于 ReaxFF 力场的分子动力学方法模拟了不同晶面的金刚石和 Fenton 试剂相互作用时金刚石表面结构的变化,阐明了晶面取向对金刚石表面的化学吸附和氧化程度的影响规律,发现了不同晶面的金刚石和 Fenton 试剂相互作用后因化学吸附而被弱化的 C—C 键的数目不同,导致不同晶面的金刚石在 CMP 过程中的材料去除率呈各向异性。

金刚石的物理和化学性质都十分优异,在工业和军事上都有很大的应用空间。本书虽然对金刚石化学机械抛光的方法和机理进行了大量的研究,但是还有很多关键技术需要进一步探索。

(1)仿真模型与实验尺度差异性方面。由于分子动力学模拟计算量大,本书模拟中所建立的模型为金刚石基体和磨粒接触的局部区域,简化为平面接触。而在实际的抛光过程中,磨粒的形状和金刚石的初始表面粗糙度也是影响材料去除的重要因素,未来应当在算力提升的基础上纳入考虑范围。

（2）光催化辅助化学机械抛光方面。基于光子作用下原子会发生能级跃迁的原理，目前已经有学者尝试将紫外线或者可见光照射引入金刚石的化学机械抛光，并获得了更高的去除效率和纳米级的表面粗糙度。但相比传统的化学机械抛光技术，光辅助设备复杂度较高，无法满足大规模生产的需求，需要进一步地研究和优化，以提高其实际应用能力。

（3）曲面及大尺寸金刚石加工方面。本书的研究对象是小尺寸的平面金刚石，而实际应用中的金刚石材料可能需要不同的形状或者很大的尺寸，如大面积的金刚石光学窗口、一定钝圆半径的金刚石刀具等，未来应进一步改进抛光技术，以满足大尺寸或者复杂形状的加工需求。

参 考 文 献

[1] 林佳志. 摩擦化学抛光单晶金刚石的工艺研究[D]. 大连：大连理工大学，2015.

[2] KUBOTA A，NAGAE S，TOUGE M. Improvement of material removal rate of single-crystal diamond by polishing using H_2O_2 solution[J]. Diamond and Related Materials，2016(70):39 - 45.

[3] ANGUS J C，HAYMAN C C. Low-pressure, metastable growth of diamond and diamondlike phases[J]. Science，1988,241(4868):913 - 921.

[4] BALMER R S，BRANDON J R，CLEWES S L，et al. Chemical vapour deposition synthetic diamond: materials, technology and applications[J]. Journal of Physics: Condensed Matter，2009,21(36):364221.

[5] 黄树涛，姚英学，张宏志，等. 金刚石膜的加工技术[J]. 新技术新工艺，1996: 13 - 14.

[6] YUAN Z，ZHENG P，WEN Q，et al. Chemical kinetics mechanism for chemical mechanical polishing diamond and its related hard-inert materials[J]. The International Journal of Advanced Manufacturing Technology，2018,95(5/6/7/8):1715 - 1727.

[7] LIU N，SUGAWARA K，YOSHITAKA N，et al. Damage-free highly efficient plasma-assisted polishing of a 20 mm square large mosaic single crystal diamond substrate[J]. Scientific Reports，2020,10(1):19432.

[8] YAMAMURA K，EMORI K，SUN R，et al. Damage-free highly efficient polishing of single-crystal diamond wafer by plasma-assisted polishing[J]. CIRP Annals，2018,67(1):353 - 356.

[9] YUAN Z，HE Y，JIN Z，et al. Prediction of the interface temperature rise in tribochemical polishing of CVD diamond[J]. Chinese Journal of Mechanical Engineering，2017,30(2):310 - 320.

[10] XU H，ZANG J，TIAN P，et al. Surface conversion reaction and high efficient grinding of CVD diamond films by chemically mechanical polishing[J]. Ceramics International，2018,44(17):21641 - 21647.

[11] 王光祖，胡建根. 纳米级金刚石的结构、性能与应用[J]. 金刚石与磨料磨具工程，2000(5):20 - 24.

[12] 江元生. 结构化学[M]. 北京:高等教育出版社,1997.

[13] 陈光华,张阳. 金刚石薄膜的制备与应用[M]. 北京:化学工业出版社,2004.

[14] PIERSON H O. Handbook of carbon,graphite,diamonds and fullerenes[M]. Oxford:William Andrew Publishing,1993.

[15] 钟秀虹. 摩擦化学抛光金刚石用 WMoCr 抛光盘的研制[D]. 大连:大连理工大学,2015.

[16] 史双倩. 金刚石摩擦化学抛光用抛光盘制备及抛光机理研究[D]. 大连:大连理工大学,2016.

[17] WATANABE J,TOUGE M,SAKAMOTO T. Ultraviolet-irradiated precision polishing of diamond and its related materials[J]. Diamond and Related Materials, 2013(39):14 – 19.

[18] 屠菊萍,刘金龙,邵思武,等. 高质量单晶金刚石的合成、结构与光学性能研究[J]. 光学学报,2020,40(6):631001.

[19] 雷亚民,王亨瑞,秦松岩,等. 金刚石膜的声学特性及其应用[J]. 硅酸盐通报, 2010(3):644 – 650.

[20] 闫翠霞. 金刚石半导体电子性质研究[D]. 济南:山东大学,2009.

[21] 熊礼威,汪建华,满卫东,等. 金刚石半导体研究进展[J]. 材料导报,2010,24(7): 117 – 121.

[22] 苑泽伟. 利用化学和机械协同作用的 CVD 金刚石抛光机理与技术[D]. 大连:大连理工大学,2012.

[23] 王季陶. 现代热力学及热力学学科全貌[M]. 上海:复旦大学出版社,2005.

[24] 李智. 单晶金刚石研磨方法与机理的研究[D]. 大连:大连理工大学,2004.

[25] YUAN Z J,ZHOU M,DONG S. Effect of diamond tool sharpness on minimum cutting thickness and cutting surface integrity in ultraprecision machining[J]. Journal of Materials Processing Technology,1996,62(4):327 – 330.

[26] 宗文俊. 高精度金刚石刀具的机械刃磨技术及其切削性能优化研究[D]. 哈尔滨:哈尔滨工业大学,2008.

[27] 袁哲俊,王先逵. 精密和超精密加工技术[M]. 2 版. 北京:机械工业出版社,2007.

[28] 赵健. 综论超精密加工技术的发展[J]. 机械研究与应用,2008,021(5):6 – 8.

[29] 丁志纯,孙剑飞. 单晶金刚石车刀在陶瓷基复合材料加工中的应用研究[J]. 模具制造,2024,24(4):65 – 69.

[30] 颜认,陈枫,陈小丹,等. CVD 金刚石薄膜涂层刀具的技术进展[J]. 机械设计与制造工程,2016,45(8):11 – 15.

[31] 刘俊杰,关春龙,易剑,等. 半导体用大尺寸单晶金刚石衬底制备及加工研究现状[J]. 人工晶体学报,2023,52(10):1733 – 1744.

[32] BORMASHOV V S,TROSCHIEV S Y,TARELKIN S A,et al. High power

density nuclear battery prototype based on diamond Schottky diodes[J]. Diamond and Related Materials，2018(84)：41－47.

[33] BLANK V D，BORMASHOV V S，TARELKIN S A，et al. Power high-voltage and fast response Schottky barrier diamond diodes[J]. Diamond and Related Materials，2015(57)：32－36.

[34] 高旭辉. 金刚石：终极半导体的"破茧"之路[J]. 科学咨询(科技·管理)，2024(5)：240－243.

[35] 李强. 单晶金刚石的研磨与化学机械抛光工艺[D]. 大连：大连理工大学，2013.

[36] 杨保和，常明，杨晓萍. 金刚石薄膜压力传感器的研究[J]. 材料导报，2000，014(8)：71.

[37] JALALI B. Teaching silicon new tricks：conference on optical fiber communication & the national fiber optic engineers Conference，2007[C].

[38] 宋健民. 钻石的热生电及电吸热效应：尖端纳米科技的奇迹[J]. 物理双月刊，2002，24(4)：579－599.

[39] 邓世博，夏永琪，吴明涛，等. 金刚石基材料及其表面微通道制备技术在高效散热中的应用[J]. 金刚石与磨料磨具工程，2024，44(3)：286－296.

[40] 吕智，马忠强，蒋燕麟，等. 功能金刚石的发展现状及产业化前景[J]. 超硬材料工程，2020，32(4)：22－34.

[41] 吕梅. 基于掺硼金刚石电极的电化学生物传感器[D]. 南京：东南大学，2010.

[42] 罗福平. 高质量光学级金刚石膜的制备与研究[D]. 武汉：武汉工程大学，2014.

[43] MARCHYWKA M，PEHRSSON P E，VESTYCK D J，et al. Low energy ion implantation and electrochemical separation of diamond films[J]. Applied Physics Letters，1993，63(25)：3521－3523.

[44] TERENTYEV S，BLANK V，POLYAKOV S，et al. Parabolic single-crystal diamond lenses for coherent x-ray imaging[J]. Applied Physics Letters，2015，107(11)：111108.

[45] 王伟华，代兵，王杨，等. 金刚石光学窗口相关元件的研究进展[J]. 材料科学与工艺，2020，28(3)：42－57.

[46] 高勇. 典型材料高功率下微波介电特性研究[D]. 成都：电子科技大学，2019.

[47] 蒋友福. 高功率微波窗的封接及透波性能测试研究[D]. 合肥：安徽大学，2023.

[48] SONG S M，CHOI S Y，LEE W S，et al. Chalcogenide glasses for optical brazing [J]. Journal of Materials Science，1998，33(22)：5397－5400.

[49] PARTLOW W D，WITKOWSKI R E，MCHUGH J P. CVD diamond coatings for the infrared by optical brazing[J]. Materials Science Monographs，1991(73)：163－168.

[50] MILLER A J，REECE D M，HUDSON M D，et al. Diamond coatings for IR window

applications[J]. Diamond and Related Materials，1997,6(2/3/4):386 − 389.

[51] CHEN F X L A. Magnetron sputtered oxidation resistant and antireflection protective coatings for freestanding diamond film IR windows[J]. Diamond and Related Materials，2009,18(2/3):244 − 248.

[52] 涂昕，满卫东，吕继磊，等. 光学级 CVD 金刚石膜的研究进展与应用[J]. 真空与低温，2013(2):63 − 70.

[53] 宋乃秋，张昊春，马超，等. 高能激光武器毁伤机理多物理场建模[J]. 化工学报，2016,67(增刊 1):359 − 365.

[54] 任国光. 高能激光武器的现状与发展趋势[J]. 激光与光电子学进展，2008(9):62 − 69.

[55] 安晓明，葛新岗，刘晓晨，等. 高功率 CO_2 激光器 CVD 金刚石窗口制备研究[J]. 人工晶体学报，2021,50(6):1010 − 1015.

[56] GORELOV Y A，LOHR J，BORCHARD P，et al. Characteristics of diamond windows on the 1 MW, 110 GHz gyrotron systems on the DIII-D tokamak：international Conference on Infrared & Millimeter Waves，2002[C].

[57] DAVID，J，GARRETT，et al. In vivo biocompatibility of boron doped and nitrogen included conductive-diamond for use in medical implants[J]. Journal of Biomedical Materials Research Part B Applied Biomaterials，2015,104(1):19 − 26.

[58] 吴玉程. 金刚石薄膜制备方法与应用的研究现状[J]. 材料热处理学报，2019,40(5):1 − 16.

[59] 陈菁菁. 高频金刚石多层薄膜结构声表面波滤波器的设计和研制[D]. 北京：清华大学，2004.

[60] 张志伟，李荣志，朱鹤孙. 金刚石薄膜及高保真声学振动膜材料概述[J]. 材料研究学报，1994(4):330 − 336.

[61] MALSHE A P，PARK B S，BROWN W D，et al. A review of techniques for polishing and planarizing chemically vapor-deposited（CVD）diamond films and substrates[J]. Diamond and Related Materials，1999,8(7):1198 − 1213.

[62] TOLKOWSKY. Research on the abrading, grinding or polishing of diamonds[J]. Rhode Island Medical Journal，1920,60(9):417 − 418.

[63] COUTO M S，van ENCKEVORT M，SEAL W J P. Diamond polishing mechanisms：an investigation by scanning tunnelling microscopy[J]. Philosophical Magazine Part B，1994,64(4):621 − 641.

[64] ZONG W J，SUN T，LI D，et al. Nano-precision diamond cutting tools achieved by mechanical lapping versus thermo-mechanical lapping[J]. Diamond and Related Materials，2008,17(6):954 − 961.

[65] YUJING，SUN，AND，et al. Polishing of diamond thick films by Ce at lower

temperatures[J]. Diamond and Related Materials，2006,15(9):1412 - 1417.

[66] MAN W D, WANG J H, WANG C X, et al. Planarizing CVD diamond films by using hydrogen plasma etching enhanced carbon diffusion process[J]. Diamond and Related Materials，2007,16(8):1455 - 1458.

[67] OZKAN A M, MALSHE A P, BROWN W D. Sequential multiple-laser-assisted polishing of free-standing CVD diamond substrates[J]. Diamond and Related Materials, 1997,6(12):1789 - 1798.

[68] CHENG C Y, TSAI H Y, WU C H, et al. An oxidation enhanced mechanical polishing technique for CVD diamond films[J]. Diamond and Related Materials，2005,14(3 - 7SI):622 - 625.

[69] PASTEWKA L, MOSER S, GUMBSCH P, et al. Anisotropic mechanical amorphization drives wear in diamond[J]. Nature Materials，2011,10(1):34 - 38.

[70] 颜认，马改，陈小丹，等. 单晶金刚石刀具机械刃磨技术进展[J]. 工具技术，2016，50(9):8 - 11.

[71] VAN BOUWELEN F M, VAN ENCKEVORT W. A simple model to describe the anisotropy of diamond polishing[J]. Diamond and Related Materials，1999,8(2/3/4/5):840 - 844.

[72] HITCHINER M P, WILKS J. Factors affecting chemical wear during machining [J]. Wear，1984,93(1):63 - 80.

[73] 张克华，文东辉，袁巨龙. CVD 金刚石薄膜表面抛光技术的研究[J]. 航空精密制造技术，2008(1):48 - 52.

[74] 刘浩，李佳君，李震睿，等. 金属粉末增强机械抛光单晶金刚石[J]. 表面技术，2019,48(9):321 - 326.

[75] SECOND P G. Diamond technology production methods for diamond and gem stones. [J]. Nature，1955(1):75.

[76] WEIMA J A, ZAITSEV A M, JOB R, et al. Investigation of non-diamond carbon phases and optical centers in thermochemically polished polycrystalline CVD diamond films[J]. Journal of Solid State Electrochemistry，2000,4(8):425 - 434.

[77] ZHAO T, GROGAN D F, BOVARD B G, et al. Diamond film polishing with argon and oxygen ion beams[J]. Proceedings of Spie the International Society for Optical Engineering，1990(1325):142 - 151.

[78] FLAMM D, HAENSEL T, SCHINDLER A, et al. Reactive ion beam etching: a fabrication process for the figuring of precision aspheric optical surfaces in fused silica[J]. Proceedings of SPIE-The International Society for Optical Engineering，1999(3739):167 - 175.

[79] KIYOHARA S, MORI K, MIYAMOTO I, et al. Oxygen ion beam assisted etching of

single crystal diamond chips using reactive oxygen gas[J]. Journal of Materials Science Materials in Electronics, 2001,12(8):477 - 481.

[80] SCHMITT J, NELISSEN W, WALLRABE U, et al. Implementation of smooth nanocrystalline diamond microstructures by combining reactive ion etching and ion beam etching[J]. Diamond and Related Materials, 2017(79):164 - 172.

[81] HIRATA A, TOKURA H, YOSHIKAWA M. Smoothing of chemically vapour deposited diamond films by ion beam irradiation[J]. Thin Solid Films, 1992,212 (1/2):43 - 48.

[82] RALCHENKO V G, PIMENOV S M. Laser processing of diamond films[J]. Diamond Films and Technology, 1997,7(1):15 - 40.

[83] CHEN, YIQING. Polishing of diamond materials mechanisms, modeling and implementation[M]. London: Springer Science & Business Media, 2013.

[84] 季国顺,张永康. 激光抛光化学气相沉积金刚石膜[J]. 激光技术,2003,27(2): 106 - 109.

[85] THORNTON A G, WILKS J. The polishing of diamonds in the presence of oxidising agents[J]. Diamond Research, 1974:39 - 42.

[86] WANG C, ZHANG F, KUANG T C, et al. Chemical/mechanical polishing of diamond films assisted by molten mixture of $LiNO_3$ and KNO_3[J]. Thin Solid Films, 2006,496(2):698 - 702.

[87] CHENG H H, CHEN C C. Chemical-assisted mechanical polishing of diamond film on wafer[J]. Materials Science Forum, 2006(505/506/507):1225 - 1230.

[88] THOMAS E L H, NELSON G W, MANDAL S, et al. Chemical mechanical polishing of thin film diamond[J]. Carbon, 2014(68):473 - 479.

[89] THOMAS E L H, MANDAL S, BROUSSEAU E B J P, et al. Silica based polishing of {100} and {111} single crystal diamond[J]. Science and Technology of Advanced Materials, 2014,15(3):35013.

[90] PRESTON F W. The theory and design of plate glass polishing machine[J]. Journal of the Society of Glass Technology, 1927(11):214 - 256.

[91] TSENG, WEI-TSU. Re-examination of pressure and speed dependences of removal rate during chemical-mechanical polishing processes[J]. Journal of the Electrochemical Society, 1997,144(2):L15 - L17.

[92] ZHAO D, HE Y, WANG T, et al. Effects of the polishing variables on the wafer-pad interfacial fluid pressure in chemical mechanical polishing of 12 - Inch wafer [J]. Journal of the Electrochemical Society, 2012,159(3):342 - 348.

[93] SHI F G, ZHAO B, WANG S Q. A new theory for CMP with soft pads: IEEE International Interconnect Technology Conference, 2002[C].

[94] BROWN N J, COOK L M. Role of abrasion in the optical polishing of metals and glass: Topical Meeting on Sci. of Polishing, 1984[C]. January 01, 1984.

[95] LIU C W, DAI B, TSENG W, et al. Modeling of the wear mechanism during chemical-mechanical polishing[J]. Journal of The Electrochemical Society, 1996, 143(2):716 − 721.

[96] LUO J, DORNFELD D. Material removal mechanism in chemical mechanical polishing: theory and modeling[J]. IEEE Transactions on Semiconductor Manufacturing, 2001,14(2):112 − 133.

[97] CHEN K W, WANG Y L. Study of non-preston phenomena induced from the passivated additives in copper CMP[J]. Journal of the Electrochemical Society, 2007,154(1):41 − 47.

[98] QIN K, MOUDGIL B, PARK C W. A chemical mechanical polishing model incorporating both the chemical and mechanical effects[J]. Thin Solid Films, 2004,446 (2):277 − 286.

[99] 安伟,王春,赵永武. 单晶硅片纳米磨粒磨损的 AFM 模拟[J]. 材料科学与工程学报, 2007,25(2):273 − 275.

[100] 王春,安伟,赵永武. 基于 AFM 的化学机械抛光磨粒模拟研究[J]. 润滑与密封, 2006(11):96 − 98.

[101] HAN X, HU Y, YU S. Investigation of material removal mechanism of silicon wafer in the chemical mechanical polishing process using molecular dynamics simulation method[J]. Applied Physics A, 2009,95(3):899 − 905.

[102] RULING C, RANRAN J, HONG L, et al. Material removal mechanism during porous silica cluster impact on crystal silicon substrate studied by molecular dynamics simulation[J]. Applied Surface Science, 2013(264):148 − 156.

[103] RULING C, SHAOXIAN L, ZHE W, et al. Mechanical model of single abrasive during chemical mechanical polishing: molecular dynamics simulation[J]. Tribology International, 2018(133):40 − 46.

[104] RULING C, YIHUA W, HONG L, et al. Study of material removal processes of the crystal silicon substrate covered by an oxide film under a silica cluster impact: molecular dynamics simulation[J]. Applied Surface Science, 2014,305(30):606 − 616.

[105] KAWAGUCHI K, ITO H, KUWAHARA T, et al. Atomistic mechanisms of chemical mechanical polishing of a Cu surface in aqueous H_2O_2: tight-binding quantum chemical molecular dynamics simulations. [J]. ACS applied materials & interfaces, 2016,8(18):11830 − 11841.

[106] 翟文杰,杨德重. 立方碳化硅 CMP 过程中机械作用分子动力学仿真[J]. 材料科学与工艺, 2018,26(3):10 − 15.

[107] JUNQIN S, XINQI W, JUAN C, et al. Influence of abrasive shape on the abrasion and phase transformation of monocrystalline silicon[J]. Crystals, 2018, 8(1):32.

[108] JUNQIN S, JUAN C, LIANG F, et al. Atomistic scale nanoscratching behavior of monocrystalline Cu influenced by water film in CMP process[J]. Applied Surface Science, 2018(435):983-992.

[109] MAO M, CHEN W, LIU J, et al. Chemical mechanism of chemical mechanical polishing of tungsten cobalt cemented carbide inserts[J]. International Journal of Refractory Metals and Hard Materials, 2020, 88:105179.

[110] 徐静. 基于不锈钢及铜合金表面的环保型化学抛光技术研究[D]. 广州:华南理工大学, 2016.

[111] 李方元. 铌酸锂晶片化学机械抛光研究[D]. 大连:大连理工大学, 2015.

[112] 陈国美. 碳化硅晶片超精密抛光工艺及机理研究[D]. 无锡:江南大学, 2017.

[113] 王科. 单晶 MgO 基片化学机械抛光机理与工艺研究[D]. 大连:大连理工大学, 2010.

[114] ZONG W J, CHENG X, ZHANG J J. Atomistic origins of material removal rate anisotropy in mechanical polishing of diamond crystal[J]. Carbon, 2016(99):186-194.

[115] YANG N, HUANG W, LEI D. Control of nanoscale material removal in diamond polishing by using iron at low temperature[J]. Journal of Materials Processing Technology, 2020(278):116521.

[116] 郭晓光, 翟昌恒, 金洙吉, 等. 铁基作用下的金刚石石墨化研究[J]. 机械工程学报, 2015, 51(17):162-168.

[117] PEGUIRON A, MORAS G, WALTER M, et al. Activation and mechanochemical breaking of C—C bonds initiate wear of diamond (110) surfaces in contact with silica[J]. Carbon, 2016(98):474-483.

[118] RIGHI M C, ZILIBOTTI G, CORNI S, et al. First-principle molecular dynamics of sliding diamond surfaces: Tribochemical reactions with water and load effects[J]. Journal of Low Temperature Physics, 2016, 185(1/2):174-182.

[119] WANG L L, WAN Q, TANG Y J, et al. Sp2 hybridization effects on friction of diamond-like carbon film (110) surfaces studied by first principles molecular dynamics[J]. Advanced Materials Research, 2011(335/336):1327-1333.

[120] HARRISON J A, BRENNER D W. Simulated tribochemistry: an atomic-scale view of the wear of diamond[J]. Journal of the American Chemical Society, 1994, 116(23):10399-10402.

[121] PASTEWKA L, MOSER S, MOSELER M. Atomistic insights into the running-

in，lubrication，and failure of hydrogenated diamond-like carbon coatings[J]. Tribology Letters，2010,39(1):49 - 61.

[122] BERNAL R A，CHEN P，SCHALL J D，et al. Influence of chemical bonding on the variability of diamond - like carbon nanoscale adhesion[J]. Carbon，2018(128) 267 - 276.

[123] ARYANPOUR M，van DUIN A C T，KUBICKI J D. Development of a reactive force field for iron-oxyhydroxide systems[J]. The Journal of Physical Chemistry A，2010,114(21):6298 - 6307.

[124] CHENOWETH K，van DUIN A C T，GODDARD W A I. ReaxFF reactive force field for molecular dynamics simulations of hydrocarbon oxidation[J]. The Journal of Physical Chemistry A，2008,112(5):1040 - 1053.

[125] KIM S，KUMAR N，PERSSON P，et al. Development of a ReaxFF reactive force field for titanium dioxide/water systems [J]. Langmuir：the ACS journal of surfaces and colloids，2013,29(25):7838 - 7846.

[126] NIELSON K D，VAN DUIN A C T，OXGAARD J，et al. Development of the ReaxFF reactive force field for describing transition metal catalyzed reactions，with application to the initial stages of the catalytic formation of carbon nanotubes [J]. The Journal of Physical Chemistry A，2005,109(3):493 - 499.

[127] VAN DUIN A，DASGUPTA S，LORANT F，et al. ReaxFF：a reactive force field for hydrocarbons[J]. The Journal of Physical Chemistry A，2001,105(41)：9396 - 9409.

[128] SENFTLE T P，HONG S，ISLAM M M，et al. The ReaxFF reactive force-field：development，applications and future directions[J]. Npj Computational Mathematics，2016(2):15011.

[129] 宗文俊，胡振江，李增强，等. 金刚石刀具刃口的动态微观机械强度各向异性评价方法[J]. 纳米技术与精密工程，2012,10(6):549 - 554.

[130] TANG C J，PEREIRA S M S，FERNANDES A J S，et al. Synthesis and structural characterization of highly 〈100〉-oriented {100}-faceted nanocrystalline diamond films by microwave plasma chemical vapor deposition[J]. Journal of Crystal Growth，2009,311(8):2258 - 2264.

[131] 刘聪，汪建华，翁俊. 高质量高取向(100)面金刚石膜的可控性生长[J]. 物理学报，2015,64(2):374 - 381.

[132] 陈辉，汪建华，翁俊，等. 微波功率对(100)晶面取向金刚石薄膜制备的影响[J]. 硬质合金，2013,30(2):53 - 58.

[133] LIN Y，LU J，TONG R，et al. Surface damage of single-crystal diamond (100) processed based on a sol-gel polishing tool[J]. Diamond and Related Materials，

2018(83):46 – 53.

[134] KUBOTA A, NAGAE S, MOTOYAMA S. High-precision mechanical polishing method for diamond substrate using micron-sized diamond abrasive grains[J]. Diamond and Related Materials，2020(101):107644.

[135] CUI Z, LI G, ZONG W. A polishing method for single crystal diamond（100）plane based on nano silica and nano nickel powder[J]. Diamond and Related Materials，2019(95):141 – 153.

[136] DORONIN M A, POLYAKOV S N, KRAVCHUK K S, et al. Limits of single crystal diamond surface mechanical polishing[J]. Diamond and Related Materials，2018(87):149 – 155.

[137] MI S, TOROS A, GRAZIOSI T, et al. Non-contact polishing of single crystal diamond by ion beam etching[J]. Diamond and Related Materials，2019（92）:248 – 252.

[138] ALDER B J, WAINWRIGHT T E. Phase transition for a hard sphere system[J]. The Journal of Chemical Physics，1957,27(5):1208 – 1209.

[139] ALDER B J, WAINWRIGHT T E. Studies in molecular dynamics：I. general method[J]. The Journal of Chemical Physics，1959,31(2):459 – 466.

[140] FANG F Z, WU H, ZHOU W, et al. A study on mechanism of nano-cutting single crystal silicon[J]. Journal of Materials Processing Technology，2007,184(1/2/3):407 – 410.

[141] ANDERS C, MESSLINGER S, URBASSEK H M. Deformation of slow liquid and solid clusters upon deposition：a molecular-dynamics study of Al cluster impact on an Al surface[J]. Surface Science，2006,600(12):2587 – 2593.

[142] 曹莉霞，王崇愚. α-Fe 裂纹的分子动力学研究[J]. 物理学报，2007(1):413 – 422.

[143] CHEONG W, ZHANG L C. Molecular dynamics simulation of phase transformations in silicon monocrystals due to nano-indentation[J]. Nanotechnology，2000,11(3):173 – 180.

[144] LIN Y, JIAN S, LAI Y, et al. Molecular dynamics simulation of nanoindentation-induced mechanical deformation and phase transformation in monocrystalline silicon[J]. Nanoscale Research Letters，2008,3(2):71 – 75.

[145] 张世旭. Cu 团簇沉积到 Fe（001）表面的分子动力学模拟[D]. 兰州:兰州大学，2014.

[146] FRENKEL D, SMIT B, RATNER M A. Understanding molecular simulation：from algorithms to applications[J]. Physics Today，1997,50(7):66.

[147] 田子奇. 化学反应的理论研究:量子力学计算与反应性分子动力学模拟[D].南京:南京大学，2014.

[148] PEARLMAN D A, CASE D A, CALDWELL J W, et al. AMBER, a package of computer programs for applying molecular mechanics, normal mode analysis, molecular dynamics and free energy calculations to simulate the structural and energetic properties of molecules[J]. Computer Physics Communications, 1995,91(1/2/3):1-41.

[149] MACKERELL A D, BASHFORD D, BELLOTT M, et al. All-atom empirical potential for molecular modeling and dynamics studies of proteins[J]. The Journal of Physical Chemistry B, 1998,102(18):3586-3616.

[150] DAUBER-OSGUTHORPE P, ROBERTS V A, OSGUTHORPE D J, et al. Structure and energetics of ligand binding to proteins: escherichia coli dihydrofolate reductase-trimethoprim, a drug-receptor system[J]. Proteins, 1988,4(1):31-47.

[151] JORGENSEN W L, MAXWELL D S, TIRADO-RIVES J. Development and testing of the OPLS all-atom force field on conformational energetics and properties of organic liquids[J]. Journal of the American Chemical Society, 1996,118(45): 11225-11236.

[152] CASEWIT C J, COLWELL K S, RAPPE A K. Application of a universal force field to main group compounds[J]. Journal of the American Chemical Society, 1992,114(25):10046-10053.

[153] RAPPE A K, CASEWIT C J, COLWELL K S, et al. UFF, a full periodic table force field for molecular mechanics and molecular dynamics simulations[J]. Journal of the American Chemical Society, 1992,114(25):10024-10035.

[154] SHI S, YAN L, YANG Y, et al. An extensible and systematic force field, ESFF, for molecular modeling of organic, inorganic, and organometallic systems[J]. Journal of Computational Chemistry, 2003,24(9):1059-1076.

[155] 樊虎. 基于分子动力学的金属铝纳米切削过程研究[D]. 沈阳:沈阳航空航天大学, 2017.

[156] 郭晓宇. 单晶铜超精密切削的粗粒化分子动力学模拟[D]. 长春:吉林大学, 2013.

[157] CHAGAROV E, ADAMS J B. Molecular dynamics simulations of mechanical deformation of amorphous silicon dioxide during chemical-mechanical polishing [J]. Journal of Applied Physics, 2003,94(6):3853-3861.

[158] BRENNER D W. Empirical potential for hydrocarbons for use in simulating the chemical vapor deposition of diamond films[J]. Physical Review B, 1990,42(15): 9458.

[159] BRENNER D W. Correction[J]. Physical Review B, 1992,46(3):1948.

[160] STUART S J, TUTEIN A B, HARRISON J A. A reactive potential for hydrocarbons with intermolecular interactions[J]. The Journal of Chemical Physics, 2000,112(14):6472-6486.

[161] PHILLPOT S R, SINNOTT S B. Simulating multifunctional structures[J]. Science, 2009,325(5948):1634 – 1635.

[162] YEON J, ADAMS H L, JUNKERMEIER C E, et al. Development of a ReaxFF force field for Cu/S/C/H and reactive MD simulations of methyl thiolate decomposition on Cu (100)[J]. The Journal of Physical Chemistry B, 2018,122(2SI): 888 – 896.

[163] CHENOWETH K, VAN DUIN A C, DASGUPTA S, et al. Initiation mechanisms and kinetics of pyrolysis and combustion of JP-10 hydrocarbon jet fuel[J]. The Journal of Physical Chemistry A, 2009,113(9):1740 – 1746.

[164] GODDARD W A, VAN DUIN A, CHENOWETH K, et al. Development of the ReaxFF reactive force field for mechanistic studies of catalytic selective oxidation processes on BiMoO x[J]. Topics in Catalysis, 2006,38(1/2/3):93.

[165] GODDARD W A I, MERINOV B, VAN DUIN A, et al. Multi-paradigm multi-scale simulations for fuel cell catalysts and membranes[J]. Molecular Simulation, 2006,32(3/4):251 – 268.

[166] TAVAZZA F, SENFTLE T P, ZOU C, et al. Molecular dynamics investigation of the effects of tip-substrate interactions during nanoindentation[J]. The Journal of Physical Chemistry C, 2015,119(24):13580 – 13589.

[167] WEN J, MA T, ZHANG W, et al. Atomic insight into tribochemical wear mechanism of silicon at the Si/SiO_2 interface in aqueous environment: molecular dynamics simulations using ReaxFF reactive force field[J]. Applied Surface Science, 2016(390):216 – 223.

[168] GUO X, WANG X, JIN Z, et al. Atomistic mechanisms of Cu CMP in aqueous H_2O_2: molecular dynamics simulations using ReaxFF reactive force field[J]. Computational Materials Science, 2018(155):476 – 482.

[169] 张丽萍. Material Studio 软件在固体物理教学中的应用[J]. 课程教育研究, 2015, 000(8):193 – 194.

[170] PLIMPTON S. Fast parallel algorithms for short-range molecular-dynamics[J]. Journal of computational physics, 1995,117(1):1 – 19.

[171] STUKOWSKI A. Visualization and analysis of atomistic simulation data with OVITO-the Open Visualization Tool[J]. Modelling and Simulation in Materials Science and Engineering, 2010,18(015012):2154 – 2162.

[172] BERENDSEN H J C, POSTMA J P M, VAN GUNSTEREN W F, et al. Molecular dynamics with coupling to an external bath[J]. The Journal of Chemical Physics, 1984,81(8):3684 – 3690.

[173] ALLEN M P, TILDESLEY D J. Computer simulation of liquids[M]. New York:

Oxford University，1989.

[174] 朱宝义. 单晶硅高速磨削亚表层损伤的仿真与实验研究[D]. 太原：太原理工大学，2018.

[175] KANKI T，KIMURA T，NAKAMURA T. Chemical and mechanical properties of Cu surface reaction layers in Cu-cmp to improve planarization[J]. ECS Journal of Solid State Science and Technology，2013，2(9)：375－379.

[176] YOKOSUKA T，SASATA K，KUROKAWA H，et al. Quantum chemical molecular dynamics studies on the chemical mechanical polishing process of Cu surface[J]. Japanese Journal of Applied Physics，2003，42(Part 1，No. 4B)：1897－1902.

[177] 陈志刚，陈杨，陈爱莲. 硅晶片化学机械抛光中的化学作用机理[J]. 半导体技术，2006(2)：112－114.

[178] WEN J，MA T，ZHANG W，et al. Surface orientation and temperature effects on the interaction of silicon with water：molecular dynamics simulations using ReaxFF reactive force field[J]. The Journal of Physical Chemistry A，2017，121(3)：587－594.

[179] 王磊. 基于芬顿反应的单晶 SiC 化学机械抛光液研究[D]. 广州：广东工业大学，2015.

[180] 马磊. 碳化硅光学材料芬顿辅助抛光机理与工艺研究[D]. 长沙：国防科学技术大学，2012.

[181] MERINOV B V，MUELLER J E，VAN DUIN A C T，et al. ReaxFF reactive force-field modeling of the triple-phase boundary in a solid oxide fuel cell[J]. The Journal of Physical Chemistry Letters，2014，5(22)：4039－4043.

[182] PIROOZAN N，NASERIFAR S，SAHIMI M. Sliding friction between two silicon-carbide surfaces[J]. Journal of Applied Physics，2019，125(12)：124301.

[183] WEN J，MA T，ZHANG W，et al. Atomistic mechanisms of Si chemical mechanical polishing in aqueous H_2O_2：reaxFF reactive molecular dynamics simulations[J]. Computational Materials Science，2017，131(131)：230－238.

[184] 余双菊. 羟基自由基的特性及检测方法比较[J]. 广东化工，2010，37(9)：141－143.

[185] 孟凡宁，张振宇，郜培丽，等. 化学机械抛光液的研究进展[J]. 表面技术，2019，48(7)：1－10.

[186] YUAN Z，JIN Z，ZHANG Y，et al. Chemical mechanical polishing slurries for chemically vapor-deposited diamond films[J]. Journal of Manufacturing Science & Engineering，2013，135(4)：41006.

[187] 张宜伟. 藻类有机物性质及高锰酸钾氧化特性研究[D]. 武汉：华中科技大学，2016.

[188] ELLIS D，BOUCHARD C，LANTAGNE G. Removal of iron and manganese

from groundwater by oxidation and microfiltration[J]. Desalination，2000，130(3)：255 - 264.

[189] ROCCARO P，BARONE C，MANCINI G，et al. Removal of manganese from water supplies intended for human consumption：a case study[J]. Desalination，2007，210(1/3)：205 - 214.

[190] 胡小芳，丁卫，巢猛，等. 高锰酸钾与粉末活性炭联用去除水源水中臭味的研究[J]. 城镇供水，2014(4)：43 - 47.

[191] 郭宇衡. 高铁酸钾对污泥的脱水减量研究[D].广州：华南理工大学，2013.

[192] 王建超，刘玉岭，牛新环，等. 双氧水稳定剂对碱性铜膜抛光液稳定性的影响[J]. 微纳电子技术，2018，55(11)：840 - 843.

[193] 赵亚东，刘玉岭，栾晓东. 新型碱性抛光液化学作用对铜的去除机理[J]. 微纳电子技术，2016，53(10)：696 - 701.

[194] 杨海平. 半导体硅片化学机械抛光电化学与抛光速率研究[D]. 长沙：中南大学，2007.

[195] 张念民. 铌酸锂晶体纳米压痕及化学机械抛光研究[D]. 大连：大连理工大学，2015.

[196] EISENHAUER H R. Oxidation of phenolic wastes[J]. Water Pollution Control Federation，1964，36(9)：1116 - 1128.

[197] NEYENS E，BAEYENS J. A review of classic Fenton's peroxidation as an advanced oxidation technique.[J]. Journal of Hazardous Materials，2003，98(1/2/3)：33 - 50.

[198] SCOTT J P，OLLIS D F. Integration of chemical and biological oxidation processes for water treatment：review and recommendations [J]. Environmental Progress，1995，14(2)：88 - 103.

[199] IACONI C D，RAMADORI R，LOPEZ A. Combined biological and chemical degradation for treating a mature municipal landfill leachate[J]. Biochemical Engineering Journal，2006，31(2)：118 - 124.

[200] KUBOTA A，YAGI K，MURATA J，et al. A study on a surface preparation method for single-crystal SiC using an Fe catalyst[J]. Journal of Electronic Materials，2009，38(1)：159 - 163.

[201] KUBOTA A，YOSHIMURA M，FUKUYAMA S，et al. Planarization of C-face 4H-SiC substrate using Fe particles and hydrogen peroxide solution[J]. Precision Engineering，2012，36(1)：137 - 140.

[202] WANG L，YAN Q S，LU J B，et al. Comparison of Fe catalyst species in chemical mechanical polishing based on Fenton reaction for SiC wafer[J]. Advanced Materials Research，2014，1027：171 - 176.

[203] 马磊,彭小强,戴一帆. 类芬顿反应在碳化硅光学材料研抛中的作用[J]. 航空精密制造技术,2012,48(4):9－11.

[204] KREMER M L. "Complex" versus "free radical" mechanism for the catalytic decomposition of H_2O_2 by ferric ions[J]. International Journal of Chemical Kinetics,1985,17(12):1299－1314.

[205] WALLING C, AMARNATH K. Oxidation of mandelic acid by Fenton's reagent [J]. Journal of the American Chemical Society,1982,104(5):1185－1189.

[206] WINK D A, NIMS R W, DESROSIERS M F, et al. A kinetic investigation of intermediates formed during the Fenton reagent mediated degradation of N-nitrosodimethylamine: evidence for an oxidative pathway not involving hydroxyl radical. [J]. Chemical Research in Toxicology,1991,4(5):510.

[207] 谢银德,陈锋,何建军,等. Photo-Fenton 反应研究进展[J]. 感光科学与光化学,2000,18(4):357－365.

[208] TOKUDA N, TAKEUCHI D, RI S, et al. Flattening of oxidized diamond (111) surfaces with H_2SO_4/H_2O_2 solutions[J]. Diamond and Related Materials,2009,18(2):213－215.

[209] ZHANG Z, YAN W, ZHANG L, et al. Effect of mechanical process parameters on friction behavior and material removal during sapphire chemical mechanical polishing[J]. Microelectronic Engineering,2011,88(9):3020－3023.

[210] SIKDER A K, GIGLIO F, WOOD J, et al. Optimization of tribological properties of silicon dioxide during the chemical mechanical planarization process[J]. Journal of Electronic Materials,2001,30(12):1520－1526.

[211] PARK B, LEE H, KIM Y, et al. Effect of process parameters on friction force and material removal in oxide chemical mechanical polishing[J]. Japanese Journal of Applied Physics,2008,47(12):8771－8778.

[212] BELKHIR N, BOUZID D, HEROLD V. Determination of the friction coefficient during glass polishing[J]. Tribology Letters,2009,33(1):55－61.

[213] 徐沛杰. 硅溶胶对单晶 SiC 化学机械抛光影响研究[D]. 广州:广东工业大学,2018.

[214] HOOVER W G. Canonical dynamics: equilibrium phase-space distributions[J]. Physical Review A,1985,31(3):1695－1697.

[215] CHEN Y, ZHANG L. On the polishing techniques of diamond and diamond composites[J]. Key Engineering Materials,2009(404):85－96.

[216] TOMLINSON G A. A molecular theory of friction[J]. The London, Edinburgh, and Dublin Philosophical Magazine and Journal of Science,1929,7(46):905－939.

[217] 许中明,黄平. 用复合振子模型计算纳米尺度滑动摩擦力的研究[J]. 中国机械工程,2007,18(21):2592 - 2596.

[218] 丁凌云,龚中良,黄平. 基于耦合振子模型的摩擦力计算研究[J]. 物理学报,2008,57(10):6500 - 6506.

[219] WANG M,DUAN F L,MU X. Effect of surface silanol groups on friction and wear between amorphous silica surfaces[J]. Langmuir,2019(35):5463 - 5470.

[220] YANG M,MARINO M J,BOJAN V,et al. Quantification of oxygenated species on a diamond-like carbon (DLC) surface[J]. Applied Surface Science,2011,257(17):7633 - 7638.

[221] GHODBANE S,BALLUTAUD D,OMNÈS F,et al. Comparison of the XPS spectra from homoepitaxial {111}, {100} and polycrystalline boron-doped diamond films[J]. Diamond and Related Materials,2010,19(5):630 - 636.